절로 힐링

일러두기

이 책의 '템플스테이 프로그램 정보' 내용은 각 사찰의 사정에 따라 변경될 수 있습니다.

취향 저격! 전국 로컬힙 템플스테이 50

절로
힐링

신익수 지음

뉴진스님도 깜짝 놀랄 대한민국 구석구석
힙플스테이만 모았다!

생각정거장

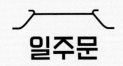

일주문

마음의 모양을 생각해본 적 있으신지요. 현자들은 텅 빈 그릇에 비유합니다. 그저 비어 있는 게 마음이라는 뜻이지요. 불교에서는 이걸 '공空'이라고 합니다. 인간의 마음이 만들어낸 세상도 따지고 보면 공입니다.

그 속에 부정적인 생각을 채우면 불평과 불만이 쏟아져 나옵니다. 반대로 희망과 의미를 톡톡 털어 넣으면 세상사 희망과 의미로 빛나게 되는 법이지요. 마음속을 들여다보니 증오, 부정, 욕심으로 가득 차 있다고요? 희망이 들어올 공간조차 없다고요? 괜찮습니다. 마음의 그릇을 기울여 증오와 부정의 생각들을 쏟아 버리면 됩니다. 다시 텅 비었다 싶으면 그곳에 희망과 의미를 또 담으면 되지요.

템플스테이 책을 냅니다. '부처 핸섬(부처는 잘생겼다)'으로 뜬 뉴진스님 덕에 MZ세대도 오픈 런을 하는 놀라운 핫 플레이스들입니다. 템플스테이 프로그램을 가동하고 있는 150여 곳의 사찰 중 40여 곳을 압축·요약했습니다. '힙플스테이 바이블' 정도로 보시면 되겠네요.

한국판 소림사로 불리는 경주 '골굴사'뿐 아니라 댕플스테이 메카 '홍법사', 냥플스테이 '묘적사' 정도는 약과입니다. 다이어트 사찰 '육지장사'에 템플버거, 템플김밥으로 외화 벌이까지 하는 '화엄사', 1조 6,000억 원짜리 은행나무를 품은 '용문사'까지 힙플스테이 드림 팀이 총출동합니다.

우리의 뇌와 마음은 폭발 직전입니다. 뇌와 마음을 자동차 엔진에 비유해볼게요. 시속 200km 속도로 지금까지 계속 돌아가고 있습니다. 한 번도 멈춘 적이 없지요. 과열을 넘어 폭발 직전입니다. 그래서 '지금' 필요한 게 멈춤과 감속입니다. 멈춤의 마디, 쉼의 마디를 만드는 게 템플스테이입니다. 뇌를 멈추는 법, 마음을 감속하는 법을 배우는 과정이지요.

마음의 모양으로 다시 돌아가볼게요. 멈춰야 비로소 보이는 게 마음의 꼴입니다. 마음의 그릇에 무엇을 담을지도 그제서야 제대로 보이는 법이지요. 아, 담지 않아도 됩니다. 그저 비우러 떠나도 됩니다. 그게 바로 공의 사상이니까요.

이렇게 멋진 템플스테이 코스를 책으로 엮어 내는데, 저는 어쩔 수 없는 속세의 속물인가 봅니다. 이 마음을 그저 비우고 욕심 따윈 버려야 하거늘, 이 책이 대박(베스트셀러) 나기를 어느새 꿈꾸고 있으니 말입니다.

다잡기 힘든 게 또 마음이라는 녀석입니다. 안 되겠네요. 책을 마감했으니 저도 '절로 힐링'하러 떠납니다. 내빗 욕심 훌훌 털어버리고 오겠습니다. (그나저나 여행 베스트 부문 톱5 안에는 들지. 아, 어느새 또 랭킹 욕심이…)

2024년 12월
충무로 매일경제신문사 편집국에서
신익수 두 손 모음

✖ contents

CHAPTER 1
뉴진스님도 놀란다!
힙한 템플스테이 '힙플'

CHAPTER 2
기네스북도 화들짝!
세계 기록 템플스테이

재미로 보는
MBTI별 템플스테이

전국에 템플스테이를 운영하는 사찰만 150곳이 넘는다. MBTI '계획 변태'로 불리는 INTJ는 고르는 데만 하세월일 터다. 그래서 딱 정해주겠다. 요즘 유행하는 MBTI별 템플스테이 추천이다. 물론 재미로 참고만 하라는 뜻이다. 마음 가는 대로, 발길 닿는 대로, 그저 가도 좋은 곳이 사찰이니까.

∞ INTJ 계획 변태

계획이 여행의 전부라는 주의다. 여행을 떠나기 전부터 이미 가본 사람처럼 말하고 행동한다. 템플스테이를 하며 일정표도 꼼꼼히 확인한다. 당연히 떠나기 전에 이미 그 사찰에 대한 전반적인 파악은 끝낸다. 남은 것은 오직 실행뿐이다. 이들에게 템플스테이는 이들의 계획을 증명하는 시간일 뿐이다. 일정표대로 가면 희열을 느낀다. 당연히 자율을 싫어한다. 계획 없이 흐르는 대로 여행해야 하는 곳은 INTJ에게 감옥이나 다름없다. 이들에게는 정해진 스케줄대로의 템플스테이가 딱이다. 108배나 아침 예불 자율 참여 같은 프로그램이 있는 사찰은 절대 피할 것. 대중교통으로 정확하게 닿을 수 있는 사찰일수록 좋다. 서울 인근의 '조계사(56쪽)', 북한산 '진관사(64쪽)' 등을 추천한다.

∞ INTP 알쓸번잡

'알쓸번잡'이라 불리는 타입이다. 알아두면 쓸데없고 번거로운 잡학 박사다. 모든 일정에 효율성부터 따진다. 대체로 비판적인 태도인데, 딱히 계획이 있는 것도 아니다. 템플스테이를 하는 사찰에 대한 방대한 정보를 가지고 있지만 대부분 또 몰라도 될 것이다. 그런데도 줄줄이 꿰차고 있다. 템플스테이를 안내하는 스님이 따로 없어도 될 정도니 말 다했다. 무슨 할 말이 그렇게 많은지, 혼자 주저리주저리 떠들며 지식을 자랑한다. 유구한 역사의 천년 고찰 정도가 딱이다. 심지어 산속에 둥지를 튼 곳들이 좋겠다. 지리산 자락 '쌍계사(228쪽)'나 합천 '해인사' 등의 템플스테이 정도면 된다. 쉴 새 없이 그들의 지식에 동조해줘야 한다.

∞ INFJ 충전형 이타주의자

'너의 행복이 곧 나의 행복'이라는 타입이다. 그래서 INFJ는 이타주의자라 불린다. 무조건 타인 위주다. 자신보다 함께 가는 상대를 위해 여행을 계획하는 타입이다. 심지어 상대가 뭘 먹고 싶고, 뭘 하고 싶고, 심지어 뭘 듣고 싶은지까지 신경 쓴다. 그렇다고 시끌벅적 소란스러운 걸 좋아하는 건 또 아니다. 아무 계획도 없는 주말에 가장 행복한 타입이다. 방전됐을 때는 충분히 충전 시간을 가져야 하니 당연히 템플스테이에 빠질 수밖에 없다. 조용한 사찰이면 다 된다. 해남 땅끝마을 '미황사(142쪽)' 템플스테이 정도면 열광할 것 같다.

∞ INFP 낭만적 거절가

INFP가 낭만적 거절가로 불리는 데는 다 이유가 있다. 이들의 거절은 너무 쉽게 믿지 말아야 한다. 일단 템플스테이 계획 이야기를 하면 무조건 거절부터 하는 부류다. 그런데 믹싱 여행을 가면 180도 돌변한다. 누구보다 즐기는 얄미운 타입이다. 돌아오는 차 안에서 너무 힐링됐다며 다음 템플스테이를 검색할지도 모른다. 다음번에는 순순히 오케이를 할지, 그나마 낭만 풍광을 가진 해변가 사찰이라면 바로 동조할지도 모르겠다. BTS의 리더인 RM이 다녀가 화제가 된 여수 '향일함(134쪽)' 정도라면 딱이다. 낭만에 움직이니까.

∞ ISTJ 광기 어린 계획 실천가

묵묵하면서도 꽉 막힌 원칙주의자다. 여행도 이렇게 가는 타입이다. 시간 약속을 칼같이 지킨다. 피곤하거나 힘들어도 절대 티 내지 않는다. 우유부단한 여행을 가장 싫어한다. 비가 내려도 기어코 놀이동산을 가고야 마는 타입이다. 당연히 엄격한 사찰이 좋다. 오대산 '월정사' 정도에서 아예 장기 템플스테이 코스인 '단기출가학교'에 입교하는 건 어떨지. 동자승 단계를 경험하며 묵언 수행을 해도 결국 견뎌내면 좋은 가을 명당이다.

∞ ISTP 모험 변태

이런 분들이 있다. 극한의 상황에서 오히려 주춤하기는커녕 희열을 느끼는 분들이다. ISTP들이다. 오죽하면 '모험 변태'라는 애칭까지 붙었을까. 성격이 흥미롭다. 평소에는 내성적이다. 순한 웃음을 짓는데, 여행에서만큼은 양보가 없다. 모험 여행가 베어 그릴스 저리 가라. 적당한 긴장과 스릴을 즐길 줄 아는 타입이다. 당연히 정적인 템플스테이는 안 된다. 무조건 모험이 있는 도전적인 템플스테이 코스가 좋다. 당연히 경주 '골굴사(208쪽)'의 선무도 템플스테이를 강추한다. 무예를 갈고닦는 것도 모자라 인근 감포항으로 원정 수련까지 나서니 이들에게는 딱이다. 물론 불 피워 밥하고 야생동물을 잡는 일은 없겠지만 무예에 푹 빠져 이런 게 템플스테이의 묘미라고 즐거워할 타입이다.

∞ ISFJ 보살

전형적인 스님 스타일이다. 그저 보살님이라 불러도 좋겠다. 가만 보면 몸에서 사리가 나올 것 같다. 여행 중이라도 친구끼리 싸움이

나면 가장 먼저 말리고 들 타입이다. 이들에게는 템플스테이도 항상 즐겁고 낭만적이어야만 한다. 심지어 성격이 워낙 꼼꼼하고 자비로워 모두를 만족시킬 수 있는 계획까지 들고 온다. 이들에게는 어떤 템플스테이 코스라도 괜찮다. 티격태격하다가도 이내 불경소리를 들으면 화해를 하고 웃으며 돌아설 테니까.

●● ISFP 신드바드

"나는 매일 변화한다. 잠을 자러 갈 때면 오늘 아침 일어났을 때와는 다른 사람이 됐음을 확실히 느낀다." ISFP 성격을 설명하는 서두에는 팝의 거장 밥 딜런의 명언이 적혀 있다. 이 문장처럼 다양한 성격의 타입이다. 낭만을 곁들인 콜럼버스형이라고 해보면 어떨까? 여행에 대한 로망도 가득하다. 그래도 무언가 심장 뛰는 요소가 있어야 한다. 이들에게 여행이란 버킷 리스트를 실현하는 과정이다. 당연히 평범한 여행은 싫다. 뭔가 도전적인 요소가 섞여야 한다. 여행계의 신드바드, 모험과 환상이 넘치는 비현실적인 세계로의 여행을 고집한다. 신비주의가 섞여 있는 템플스테이에 이들이 푹 빠질 수밖에 없는 이유다. 양주 '육지장사(128쪽)'의 다이어트 코스라면 어떨까. 신비의 영약이 섞인 당근 주스를 먹으면 디톡스가 자연스럽게 되고 하루에 살 1, 2kg이 빠진다는데 말이다. 살 빼는 목표와 템플스테이 도전이라는 버킷 리스트를 한 방에 해결해주는 코스일 것이다.

●● ENTJ 짱가형

7080세대라면 누구나 기억하는 만화영화 주제가가 있다. "어디선가 누군가에 무슨 일이 생기면 짜짜짜짜짜짜 짱가 엄청난 기운이, 얍." 한마디로 짱가형이라고 보면 된다. 누가 시키지도 않았는데, 이들은 금세 이들의 성향을 드러낸다. 여행 시작 전부터 딱 보면 안다. 누가 총대를 메달라고 부탁한 적도 없는데, 어느 순간 이들이 반장처럼 진두지휘를 하고 있다. 심지어 임무도 척척 맡긴다. 항공 예약은 누가 하고, 숙소는 누구 담당이고 등 역할 분배에도 막힘이 없다. 문제 해결 능력도 타의 추종을 불허한다. 뭔가 질서가 없을 때 ENTJ가 엄청난 기운과 함께 나타날 테니 조금 자유스러우면서 도전적인 템플스테이 코스가 좋겠다. 대한민국 북쪽 땅끝 '건봉사(281쪽)' 템플스테이가 딱 그렇다. 최북단, 보통 용기로 안 되는 데다 현장에 도착하면 모든 예불이나 예식이 자율형 참가 방식이니 이들이 나서서 정리하기 딱 좋다.

●● ENTP 규칙 파괴자

규칙 파괴자다. "독립적이고 색다른 방식으로 생각하는 사람이 돼야 한다. 논란이 될 수 있는 아이디어도 과감히 제시하라." 토머스 J. 왓슨의 말이다. 한마디로 변론가형이다. 논쟁을 즐긴다. 당연히 지적 욕구가 엄청나다. 논쟁을 위해서는 지성이 뒷받침해줘야 할 터다. ENTP는 이런 이유로 노는 시간에도 뭔가 건지려 한다. 책도 실용서만 읽는다. 템플스테이도 이들에게는 얻어갈 게 있어야 한다. 다녀와서 한 줄의 지식이라도 남아야 하니까. 당연히 공부형 템플스테이가 딱이다. 효를 가르치는 화성 송산의 '용주사' 정도면 어떨까. 원래 효심의 본찰로도 유명한 곳이다. 용주사 입구에서 조금만 더 올라가면 효행박물관까지 있으니 이들에게는 딱이다.

ENFJ 오프라 윈프리

오프라 윈프리나 오바마 정도를 떠올리면 된다. 선도자다. 그야말로 타고난 지도자 타입이다. 이 유형의 많은 이가 선도자나 정치인, 코치, 교사로 활동하고 있다. 당연히 이들의 열정과 카리스마는 직업뿐만 아니라 인간관계 등 삶의 다양한 측면에서 다른 사람에게 영향을 준다. 또한 이타적이다. 이들은 친구와 사랑하는 사람이 발전할 수 있도록 돕는 일에서 즐거움을 찾는다. 여기까지는 장점이고 당연히 단점도 있다. ENFJ의 여행 가방은 남들의 2배 크기다. 혹시라도 동행자가 칫솔을 안 챙겼을까 싶어 1개, 아니 2개를 더 챙기는 타입이다. 평소에는 참 좋은데, 급한 일정이 생겨 빠르게 이동해야 할 때 걸림돌이 된다. 고요한 곳의 아무 일도 일어나지 않을 것만 같은 템플스테이가 좋겠다. 전 일정도 여유가 있으면 금상첨화다.

ENFP 핵인싸

이거 쎄다. 한마디로 핵인싸다. 멀리 있어도 딱 눈에 띈다. 호탕한 웃음소리쯤은 기본이고 리액션까지 폭발한다. 아무리 고요함과 정적인 선으로 무장한 템플스테이라도 이들에게는 놀이터다. 가만히 있어도 신나는 곳이니까. 사실 무계획 여행도 상관없다. 아이디어 뱅크 ENFP는 뭐든 재미있고 동적인 곳으로 현장을 만들기 때문이다. 당연히 에너지를 쏟아내니 오후 2시쯤이 지나면 늘어지기 시작한다. 저녁에 예불이 있고 스님과 차담 한 번 하는 코스가 딱이다.

ESTJ 빨리빨리

성실함이 사회적 자질이라고 믿는 경영자 타입이다. 신속·정확하고 깔끔하게 모든 일이 이뤄지길 바란다. ESTJ에게는 여행도 성취의 일부다. 관리자 타입인 만큼 모든 일이 계획대로 진행되는 것 자체에 행복감을 느낀다. 호불호도 명확하다. 기면 기고 아니면 아니다. 만약 가려던 박물관이 문을 닫았다면 1분간 화를 퍼붓고 다음 목적지를 바로 정한 뒤 이동한다. 이동 범위가 짧고 빠르게 이동 가능한 템플스테이가 이들에게 딱이다. 지하철을 타고 가는 도심 속 사찰인 북한산 '진관사(64쪽)'나 '조계사(56쪽)' 정도가 낙이나. 시간관념까지 철저한 이들에게는 지하철 이동이 최적이다.

ESTP 고집불통

이거 심상찮다. 진짜 고집불통들이다. 하고 싶은 건 반드시 해야 한다. 그렇다고 어떤 계획이 있는 건 또 아니다. 느낌 따라 여행한다. 그리고 그 느낌을 따라 반드시 그 코스를 밟아야 직성이 풀린다. 예컨대 오늘 라면을 먹어야 할 것 같다면 기어이 먹고 만다. 보통 단체 여행 때 싸움을 유발하는 원인이 되는 이들이다. 당연히 계획이 있더라도 당일 아침에 바꿀 확률이 99%다. 템플스테이 예약? 이런 템플스테이 가라? 이들에게는 먹히지 않는다. 딱 정해줘도 출발 직전에 마음이 바뀌어 버릴 것이다. 그저 이들의 마음이 꽂히는 곳, 그 사찰이면 된다.

이다. 같이 가는 사람이 더 중요한 스타일이다. 그러니 이들에게는 미션 수행이나 짝짓기 사찰이 좋겠다. 2024년 여름 '나는 절로' 프로그램으로 약 70 대 1의 살인적(?) 경쟁률을 기록하며 대박을 친 강원도 양양 '낙산사(38쪽)' 정도면 딱이다.

●● ESFJ 실시간 중계형

말하자면 실시간 중계형이다. 여행을 떠나더라도 모든 순간순간, 심지어 비행기가 뜨고 내리는 상황까지 SNS를 통해 생중계하고 있다면 틀림없이 ESFJ형이다. 친구의 친구의 친구까지도 알 정도다. '멋있다', '예쁘다', '죽인다'를 연발하며 모든 순간 기뻐한다. 이들에게는 어떤 사찰도 오케이다. 아무리 허름한 시설이라도 이들에게는 멋진 홍보용 템플스테이로 탈바꿈할 것이다. 만약 당신이 템플스테이 운영자라면 무조건 ESFJ 집단만 초청해 프로그램을 진행하면 된다. 자동 홍보 폭발일 테니까.

●● ESFP 친화력 끝판왕

말도 안 되는 타입이다 . 그 고요한 템플스테이를 가서 친구를 사귀어온다면 믿어지는가. 이들은 상상을 초월한다. 사찰을 가서도 친구 한 트럭쯤은 사귀고 돌아온다. 말은 또 어찌나 재미있게 잘하는지, ESFP와 수다를 떨면 시간 순삭이다. 도낏자루 썩는 줄 모른다. 딱히 고집하는 여행지나 장소는 없다. 친구들이 원하는 여행지가 곧 자신이 가고 싶은 곳

알아두면 쓸데 있는
템플스테이 잡학 사전

─────── T E M P L E S T A Y ───────

알아두면 쓸데 있는 템플스테이 잡학 사전(알.쓸.템.잡) 편이다. 막상 템플스테이를 가려고 보면 의외로 막막한 게 많다. 그래서 준비한 '알쓸템잡'이다. 정말이지 알아두면 쓸데 있는 템플스테이 잡학 사전이다. 알기 쉽게 Q&A 형식으로 풀었으니 미리 읽어두자.

Q 템플스테이 준비물에는 뭐가 있나요?

A 가장 궁금한 것 중 하나입니다. 그렇습니다. 템플스테이는 리조트나 호텔에서 호캉스를 하는 게 아니죠. 그래서 사찰에서의 하룻밤을 지내려면 제법 준비할 게 많답니다. 딱 4가지만 정리해드릴게요. 물론 사찰마다 준비물이 달라질 수 있습니다. 이 4가지는 기본 중 기본입니다. 이 정도는 준비할 수 있겠죠.

●● 개인 물병(텀블러)

잠을 자는 숙소가 호텔이 아니죠. 방에서 정수기가 있는 곳까지 거리가 먼 곳이 대부분이니 당연히 개인적으로 물을 마실 물병을 지참해야 합니다. 환경을 생각한다면 텀블러는 꼭 준비하세요.

●● 편안한 옷과 운동화

대부분의 사찰은 산속에 둥지를 트고 있습니다. 안전하게 활동하기 위한 필수품은 편안한 옷과 운동화겠죠. 템플스테이용 복장을 기본 지급하는 곳이 많지만 개인용 운동화는 꼭 준비하세요. 아, 법당에 맨발 출입은 안 됩니다. 양말도 꼭 챙기세요.

●● 개인 세면도구

템플스테이는 리조트 숙박이 아닙니다. 어메니티를 제공하지 않는 곳이 많죠(일부 사찰은 제공하기도 함). 개인 세면도구는 꼭 챙기세요.

●● 기타

이 외에도 책, 담요, 우산 등을 챙겨 가는 것을 추천합니다. 조금 더 쾌적한 고독감을 즐길 수 있답니다.

Q 템플스테이 가기 전 알아두면 좋은 불교 예절이 있나요?

A 알고 가면 편해지는 게 여행입니다. 템플스테이 역시 마찬가지죠. 불교 예절을 조금 알고 방문한다면 재미는 2배가 됩니다. 스님을 만났는데, 군대처럼 '충성' 하며 거수경례를 할 수는 없는 법이죠. 그래서 미리 알려드립니다. 템플스테이 가기 전 알아두면 좋은 불교 예절입니다.

∞ 합장과 차수

사찰 내 기본예절로는 합장과 차수가 있죠. 사찰에서는 다른 사람과 마주칠 때 합장 반배를 합니다. 스스로를 낮추고 다른 사람을 존경한다는 의미입니다. 차수는 오른손을 왼손 위로 교차해 단전에 댄 자세로 자신을 살피는 사찰에서의 기본자세랍니다. 가장 중요한 것은 합장과 차수를 할 때 서로 공경하고 존경하는 자세로 임하는 것이 불교 예절의 핵심입니다.

∞ 법당 출입 예절

법당에 들어갈 때도 함부로 그냥 들어가면 안 됩니다. 특히 가운데 문은 스님들이 드나드는 출입문으로, 피해야 합니다. 신도나 방문객은 양옆의 문을 이용하는 게 예절입니다.

∞ 법당 내 예절

법당 내 예절도 있습니다. 일단 머리맡 주의입니다. 경건한 마음으로 예배를 하고 수행을 하는 사람이 있기에 그 머리맡으로는 지나지 않는다는 것을 기억해두길 바랍니다. 다른 사람의 방석과 경전 위로 넘어가는 것도 안 됩니다. 그리고 부처님의 정면은 스님들이 예배하는 자리입니다. 스님과 나란히 하지 않고 멀리 떨어져 예배를 진행해야 합니다.

∞ 절은 몇 번

이것도 헷갈립니다. 108배 소리야 들어는 봤는데, 그렇다면 볼 때마다 108배를 해야 할까요? 아닙니다. 사찰에서는 기본적으로 3배를 기본 예법으로 하고 있습니다. 3배는 삼보에 귀의해 욕심과 분노, 어리석음을 끊겠다는 의미죠. 그 외에 7배, 108배 등이 있습니다. 템플스테이에서는 새벽 108배나 밤 108배에 도전해봄직 합니다.

∞ 남녀 숙박

사찰은 수행의 공간으로, 남성과 여성의 숙박공간이 엄격히 구분돼 있습니다. 다만 가족 단위 참가자에게는 개별 숙소를 내어주는 사찰도 있는데요. 일반 커플일 경우 다른 숙소를 쓰게 되며 사찰 내에서 공공연한 애정 행각도 자제해야 합니다.

∞ 휴대전화 사용

고즈넉한 산사의 멋과 여유를 즐기고 싶다면 휴대전화는 잠시 내려놓는 게 어떨까요. 하지만 휴대전화를 의무적으로 꺼두도록 하는 사찰이 아니라면 일반적으로 상시 소지가 가능합니다.

Q 템플스테이는 불교 신자만 참여하나요?

A 궁금합니다. 템플스테이는 사찰에서 진행됩니다. 그러니 불교 신자만 가야 하는 것이 아닌지 말이죠. 결론부터 정리하면 누구나 자유롭게 참여할 수 있습니다. '소통의 장이다', '전통문화를 체험하고 마음의 휴식을 얻는 코스다' 정도로 여기면 됩니다. 심지어 동자승 단계를 체험하는 '단기출가학교'에까지 실업자, 수능생, 퇴직자, 기독교인, 여타 많은 분야의 사람들이 줄서서 지원한다면 믿어지는지요. 템플스테이는 열린 스테이입니다.

●● 열린 종교, 불교

불교는 포용성과 관용을 중시합니다. 당연히 다른 종교와의 조화를 추구합니다. 다양한 문화와 종교를 융합하며 발전해왔고 열린 마음으로 다른 종교를 받아들이며 체험의 기회를 제공하죠. 템플스테이 역시 마찬가지입니다. 성별, 국적, 나이, 종교와 상관없이 참여하고자 하는 마음만 있다면 언제든지 누구나 가능합니다.

●● 다른 종교 참가자

템플스테이 참가자 만족도 조사에 따르면 매년 개신교와 천주교 신자의 참여 비율이 우상향 곡선을 그리고 있습니다. 템플스테이가 종교를 넘어 마음의 평안을 찾을 수 있는 공간으로 인식되기 때문이죠. 종교적 이유로 참여가 망설여진다고요? 괜찮습니다. 자유 시간을 누릴 수 있는 휴식형 템플스테이를 경험해 보면 또 다른 재미를 찾을 수 있을 테니까요.

●● 나를 찾아 떠나는 여행

템플스테이는 단순한 체험 프로그램을 넘어 자신을 찾아 떠나는 여행입니다. 고요한 산사에서의 생활은 복잡한 마음을 차분하게 하죠. 명상, 참선, 다도 등을 통해 스스로를 깊이 돌아볼 수 있는 기회를 챙길 수 있습니다. 일상으로 돌아갔을 때 더욱 풍요롭고 의미 있는 삶을 살아가는 데 도움을 얻을 수 있는 건 당연한 일입니다.

Q 어떤 사찰을 찜해야 하나요?

A 이것도 고민입니다. 전국에 템플스테이를 운영하는 사찰만 150여 개인데, 도대체 어떤 곳을 찜해야 할까요. 이런 막막한 분들을 위해 지침을 살짝 드립니다. 당연히 최고의 가이드는 여러분이 집어 든 이 책입니다. 다 읽어보기 귀찮다고요? 이런 분들을 위해 간략히 정리해드립니다. 알쓸템잡이니까요.

●● 템플스테이 종류

템플스테이를 운영하는 국내 사찰은 전국에 150여 곳이 포진해 있습니다. 기본 프로그램은 당일형, 체험형, 휴식형 3가지입니다. 여기에 특별형 프로그램이 추가되죠. 특별형은 그 사찰 특성에 맞게 시즌별로 추가됩니다.

예컨대 상사화가 유명한 '불갑사(236쪽)'는 9월에 상사화를 볼 수 있는 프로그램을 선보이는 식입니다. 왕초보라면 체험형을 찍으세요. 사찰 예절을 배우고 차담과 기도 등 템플스테이의 정석을 느껴볼 수 있습니다. '아 진짜, ○○ 부장 때문에 미치겠다'는 힐링이 필요한 분들은 볼 것 없습니다. 휴식형입니다. 복잡한 일상에서 벗어나 고요한 휴식이 간절한 분들용입니다. 호기심이 많다면 특별형이죠. 국궁, 선무도, 반려동물과 함께하기 등 다양한 체험을 해볼 수 있습니다. 요즘 MZ라면 MBTI에 민감할 터입니다. 이 성격 분류에 따른 템플스테이를 가고 싶다면 이 책의 10쪽 MBTI별 템플스테이 추천을 참고해보세요.

●● 특별한 템플스테이 3곳

- 한국의 소림사, 골굴사(208쪽) : 불교 전통 무예인 선무도 총본산입니다. 몸과 마음의 조화를 이뤄가는 선무도를 배울 수 있습니다.
- 그윽한 사발커피, 현덕사(32쪽) : 커피로 유명한 강릉, 그곳에 자리 잡은 사찰이 '현덕사'입니다. 주지 스님께서 만들어주시는 사발커피를 마시며 담소를 나누는 맛은 커피 향처럼 그윽합니다.
- 반려동물도 힐링, 홍법사(80쪽) : 그렇습니다. 사람만 힐링이 필요한 게 아닙니다. 생명을 보살피는 불교의 불살생 정신. 함께 사는 반려견이 있다면 이 아이들도 힐링이 필요하겠죠. 반려견 템플스테이로 뜬 곳인 부산 '홍법사'입니다.

Q 도대체 7월 15일이 무슨 날인가요?

A 희한한 날이 있습니다. 매년 음력 7월 15일, 전국 사찰들이 일제히 분주해지는 날입니다. 49일간 이어온 백중 기도를 마무리 짓는 중요한 날인 동시에 스님들의 하안거(장마철 스님들이 밖에 나가지 않고 수련하는 일)가 끝나는 날입니다. 지옥에 빠진 사람도 극락으로 갈 수 있는 특별한 날, 들어는 본 것 같은데 정확히 뭔지는 잘 모르겠는 '백중'이라는 날에 대해 알아두세요.

●● 백중이란

백중은 불교의 5대 명절 중 하나입니다. '우란분절'이라고도 하죠. 유래가 있습니다. 부처님의 제자 중 효심이 깊기로 소문난 목련존자가 죄를 짓고 지옥에서 고통받는 어머니를 구하기 위해 하안거를 끝낸 대중 스님들과 함께 공양을 올리고 죽은 이들의 명복을 비는 제사를 지낸 데서 유래됐습니다. 이 일화 이후 백중은 특별한 날로 기록됩니다. 1년에 한 번 지옥문이 열려 영혼을 구제하는 불교의 중요한 전통으로 자리 잡게 된 것이죠.

●● 효심을 대표하는 불교 명절

유래에서 보듯 효심을 대표하는 불교 명절로 꼽힙니다. 오래전부터 백중날이 되면 많은 불자가 돌아가신 가족이나 사랑하는 사람을 위해 백중 기도를 올립니다. 달밤에 채소, 과일 등을 갖춰놓고 돌아가신 부모님의 혼을 부른다고 해서 '망혼일'이라고 불리기도 합니다. 사실 중요한 불교 명절로 백중을 기억하지만 템플스테이에서는 열린 포용성을 상징하는 의미로 받아들이면 좋습니다. 잘못을 뉘우치면 누구라도 극락에 갈 수 있다는 포용성을 보여주는 날이 바로 백중이라고 보면 됩니다.

Q 전 세계를 홀린 사찰 먹방을 아나요?

A 담백함의 극치인 사찰 음식, 이게 대박을 쳤습니다. 코로나19 사태 직전에 포시즌스 그룹에서 운영하는 프라이빗 세계 일주 여행 한국 코스에서 아예 '진관사(64쪽)'를 찍어 사찰 먹방을 하고 갔답니다. 1억 5,000만 원이 넘는 세계 여행 코스에 한국 사찰 음식이 포함됐다니 대단하죠. 사찰 음식에 대한 상식도 알아두면 재미는 배가 됩니다. '공양'이라 불리는 식사 시간에 어떤 사찰 음식을 맛있게 될까요.

●● 고기를 안 먹는다

당연합니다. 고기는 먹지 않습니다. 그래서 주로 채식 기반의 음식들이 나오죠. 한국 불교에서는 술, 고기, 오신채를 금하고 있습니다. 일단 오신채부터 알아야겠네요. 마늘, 파 등 매운맛을 내는 5가지 채소를 칭합니다. 이를 금하는 이유는 성질이 맵고 향이 자극적이기 때문이죠. 대신 다시마, 버섯 등 천연 조미료를 사용해 조리합니다. 육식을 금하는 이유야 다들 알고 있죠? 불살생계에 위배되는 탓입니다. 모든 생명을 귀하게 여기는 생명 존중 사상이 반영된 식사법, 그게 사찰 먹방입니다.

●● 고기 러버라면

물론 음식 때문에 템플스테이가 고민될 수 있습니다. 이해합니다. 그래서 사찰에서는 템플스테이에 온 분들이 맛있는 사찰 음식을 즐길 수 있도록 다양한 식재료와 조리법을 활용한 음식을 선보입니다. 한 번쯤 채소 고유의 맛과 사찰의 손맛을 느껴보는 것도 좋은 경험이 됩니다. 강한 양념을 배제하고 식물성 단백질 위주로 꾸려진 음식은 속을 편안하게 만들어주고 마음의 안정에도 도움을 줍니다.

●● 음식을 남기면 안 된다

사찰에서 공양은 단순히 허기를 채우기 위함이 아닙니다. 한 그릇의 밥이 올라오기까지 애썼을 사람들의 노고와 자연에 감사하고 상대를 공경하는 사찰 음식의 정신이 반영된 행위입니다. 자연에서 얻은 천연 재료를 활용하고, 음식에 담긴 수많은 사람의 노고에 감사하며, 음식을 최대한 남기지 않아 환경을 생각하는 친환경 식문화, 이게 사찰 먹방이라는 것을 기억해두면 좋을 듯합니다.

Q 템플스테이를 가면 주로 뭘 하나요?

A 이것도 궁금합니다. 무지 지루할 것 같은 템플스테이, 무엇을 하며 1박 2일을 보낼지 궁금합니다. 그래서 템플스테이 용

어를 중심으로 루틴하게 이뤄지는 프로그램들을 소개합니다. 미리 알아두고 마음의 준비를 해두면 됩니다.

●● 사찰 안내

사찰 순례는 필수 과정입니다. 기거하는 곳의 특성을 아는 게 첫 과정이죠. 편하게 '스테이'라는 단어를 쓰지만 그 속에는 불교의 전통과 문화를 느끼고 배우는 불교 전통문화 순례의 길이라는 과정이 스며들어 있습니다. 사찰의 구조와 건축, 조각, 공예, 단청 등 각종 불교 문화유산들을 둘러보며 맛보기를 하는 과정은 그래서 꼭 포함됩니다.

●● 참선과 명상

마음을 내려놓는 데 참선과 명상만한 게 없죠. 참선은 한국 불교의 중심이 되는 수행법입니다. 템플스테이 참가자는 일상에서 벗어나 자신의 내면과 마주하며 스스로를 되돌아보는 성찰 과정을 통해 보다 밝고 긍정적인 삶을 살아갈 수 있는 힘을 얻을 수 있습니다. 그거 아나요? 아이폰을 만든 스티브 잡스, 농구의 전설 마이클 조던, 비틀스의 존 레논, 영화배우 리처드 기어의 공통점이 놀랍게도 꾸준히 명상을 했다는 것이죠. 그런 면에서 템플스테이는 최적의 참선과 명상 장소입니다. 청량한 숲과 계곡, 맑은 공기 등 사찰을 둘러싸고 있는 자연환경은 도시에서 지나치게 흥분돼 있는 오감을 안정시켜주는 명상을 하기에 딱이기 때문입니다.

●● 스님과 차담

이것도 끝내줍니다. 차담은 보통 주지 스님과 나눕니다. 차를 마시며 스님과 대화를 나누는 과정은 템플스테이가 주는 아주 특별한 경험 중 하나입니다. 살아가면서 겪게 되는 고민과 갈등에 대해 특별한 주제 없이 편안하게 이야기를 나눌 수 있습니다. 스님과 함께 차 한 잔을 나누는 차담은 템플스테이에서도 가장 의미 있는 시간입니다.

●● 발우공양

쉽게 말해 '밥 먹기'입니다. '발우'는 절에서 스님들이 사용하는 전통 식기입니다. 발우를 이용해 전통적인 의식에 따라 식사하는 것을 발우공양이라고 하죠. 발우공양은 음식이 우리에게 오기까지 수고로움을 아끼지 않은 수많은 이에 대한 고마움과 자연에 대한 감사의 마음, 그리고 쌀 한 톨도 낭비하지 않겠다는 절약의 정신이 담겨 있는 지혜의 식사법입니다.

●● 예불

사찰의 예불은 하루의 시작과 끝을 알리는 가장 기본적인 의식입니다. 어둠이 가시지 않은 새벽에 고요한 산사를 깨우는 범종 소리가 울려 퍼지고 법당 안 스님들의 예불 소리와 함께 본격적인 하루가 시작됩니다. 또 해가 넘어갈 때 웅장한 범종 소리가 다시 한 번 예불 시간을 알리면 산사의 모든 이가 함께 예불을 올립니다. 몸과 입과 마음으로 온 세상이 평화로워지길 기원하는 매우 특별한 시간입니다.

108배

108 소리만 들어도 겁나죠? 맞습니다. 제법 강도가 높은 의식입니다. 108가지 번뇌를 참회하고 씻기 위한 수행법으로, 절을 할 때마다 108번뇌도 하나씩 내려놓으면서 자신의 어리석음을 반성합니다. 고로 108배 시간은 자신의 몸을 낮춤으로써 겸손을 배우고 새로운 마음을 채우는 시간이기도 합니다. 요즘은 음악과 함께 마음을 다스리는 문구를 녹음해 틀어주는 곳도 많습니다. 속도에 맞춰 차근차근 절을 하며 따라가면 누구나 할 수 있습니다.

연등 및 염주 만들기

템플스테이 체험의 대부분이 연등 및 염주 만들기로 이뤄집니다. 연꽃 모양의 등을 '연등'이라고 합니다. 얇은 종이로 만든 연꽃잎을 한 장씩 접어 풀로 붙이면 아름다운 연등이 완성되죠. 영원히 꺼지지 않는 지혜를 상징하는 연등에는 진흙 속에서도 더러움에 물들지 않고 아름답고 깨끗하게 피어나는 연꽃처럼 어리석은 마음을 닦아 깨달음에 이르길 바라는 마음이 담겨 있습니다. 진흙 속에서도 청정하게 피어나는 연꽃처럼 자신의 지혜도 피어오르길 기원하며 색색의 한지를 곱게 붙여 연등을 만듭니다. 염주는 깨달음에 대한 기원을 담아 한 알 한 알 구슬을 꿰어 만든 한국 불교의 대표적인 기도 용품입니다. 염주 알의 수가 적은 것은 '단주(短珠)'라고 하고 보통 108개로 되어 있어 '108염주'라고 합니다. 염주를 돌리며 108가지 번뇌를 소멸시킨

다는 의미가 담겨 있는 것이죠. 직접 만든 자신만의 염주를 손안에서 굴리다 보면 흐트러진 마음이 한곳으로 모아져 동그랗게 이어지는 것을 느낄 수 있습니다.

포행(걷기명상)

공양 뒤 또는 수행이나 일을 하다가 잠시 휴식을 겸해 한가롭게 거니는 것을 포행이라고 합니다. 조금 멀리 가는 걸 '원족'이라고도 합니다. 한국의 전통 사찰은 대부분 아름다운 자연환경 속에 자리하고 있습니다. 숲속을 거닐며 신선한 공기를 맛보고 새소리와 물소리를 들으면서 거닐다 보면 순간순간 자연과 함께하고 있는 자신을 느끼게 됩니다.

Q 어떤 연배의 사람들이 올까요?

A 또 궁금한 것 중 하나, 어떤 연령대의 사람들이 오는지입니다. 형님 아니면 누나? 아저씨나 아주머니? 요즘 수학 때문에 힘든 초등학생도 갈 수 있을까요? 그 궁금증을 풀어드립니다.

모든 연령이 참여 가능한 템플스테이

모든 연령대가 참여한다고 알아두면 좋습니다. 청소년뿐 아니라 어린이도 가능합니다. 미취학 아동 프로그램까지 준비해둔 곳도 있습니다. 요즘은 10대들도 즐겨 찾습니다. 모든 연령층을 대상으로 열려 있다고 보면 됩니다. 너무 어리다고요? 걱정 붙들어 매세요. 보

호자와 함께라면 웬만한 사찰들은 다 둘러볼 수 있습니다.

●● 미성년자를 위한 특별 프로그램

방학 시즌에는 미성년자 프로그램 특수를 누릴 수 있습니다. 특히 여름방학과 겨울방학, 그리고 수능 이후 같은 특정 시기에는 각 사찰에서 시의성 있는 프로그램을 마련합니다. 단순한 명상이나 수행뿐 아니라 체험 활동까지 포함합니다. 당연히 지루할 틈 없이 흥미롭게 사찰 문화를 접할 수 있습니다. 청소년에게도, 어린이에게도, 그들만의 스트레스라는 게 있습니다. 이를 잠시 내려놓고 자신만의 속도로 생각을 정리하며 새로운 동기부여와 함께 내면의 평화도 찾게 되는 코스입니다.

●● 사찰별 프로그램 확인은 필수

템플스테이 운영 사찰만 전국에 150곳이 넘습니다. 당연히 프로그램도 사찰별로 상이합니다. 미리 꼭 확인해봐야겠죠. 방법도 쉽습니다. 템플스테이 공식 사이트(www.templestay.com)나 개별 사찰 사이트를 통해 미리 확인하면 됩니다. 일부 사찰이나 프로그램은 미취학 참여를 제한할 수도 있습니다. 사찰별 시그니처 프로그램도 다릅니다. 명상, 예불 같은 전통 불교 수행을 중심으로 운영하는 곳이 있는 반면, 문화 체험을 강화한 프로그램을 제공하는 사찰도 있습니다.

Q 숙소는 어떤가요. 호텔방 느낌인가요?

A 템플스테이를 앞두고 가장 궁금한 것 중 하나가 스테이하는 방의 컨디션입니다. 힐링 여행이라는데, 푹 쉴 수 있는지 궁금할 수밖에 없죠. 그래서 정리해드립니다.

●● 방사

사찰에서 머무는 방을 방사라고 합니다. 방사는 사찰마다 1인실, 2인실, 4인실 등 다양한 형태로 운영됩니다. 기본은 2인 1실이죠. 호텔이나 민박과 비교하면 단순하고 소박하지만 사찰을 둘러싼 자연의 아름다움을 느끼며 조용하고 편하게 머물 수 있습니다.

●● 공양간

사찰에서는 식당을 공양간이라고 합니다. 당연히 식사는 '공양'이죠. 이거 꽤나 느낌 있습니다. 건강하고 소박한 채식 위주의 식사가 나오니까요. 비건식으로 보면 됩니다. 이때 음식은 남기지 않아야 합니다. 필요한 만큼만 덜어 먹는다고 기억해두세요.

●● 공용 공간

라운지 개념입니다. 방사와 공양간 외에 참가자들이 자연스럽게 휴식을 취하거나 교류하는 공간을 말합니다. 사찰에 따라 테라스나 북카페 등이 마련된 곳도 있습니다.

템플스테이 사찰
한눈에 보기

건봉사

낙산사
백담사

육지장사

현덕사 ● 서울
· 수국사
봉선사 · 진관사
봉인사 · 금선사
묘적사 용문사(양평) · 조계사
· 길상사

강원도

경기도

망경산사

대승사(문경)

서광사 보원사
용문사(예천)

충청북도

용화사(청주)

충청남도

무량사 갑사

대전

경상북도

동화사 은해사

대구

골굴사

울산

전라북도

백양사
광주

붓간사

화엄사
쌍계사(하동)

홍법사

경상남도

부산

대원사(보성)

전라남도

미황사 신흥사(완도)

항일암

제주도

인천

23

CHAPTER
1

뉴진스님도 놀란다!

힙한 템플스테이
'힙쁠'

안 오고 뭐하냥!
냥냥이와 냥플스테이
묘적사

── TEMPLESTAY ──

妙 / 寂 / 寺

참으로 '묘'하다. 댕댕이 템플스테이도 아니고 냥냥이 템플스테이로 입소문을 타고 있는 곳이 경기 남양주 '묘적사'다. 이 사찰, 묘한 게 한두 가지가 아니다. 고양이 '묘猫'와 동음이의어인 것도 묘한데, 냥냥이 템플스테이로 알려진 것도 묘한 일이다.

일단 묘적사의 '묘'에 대한 오해부터 풀자. 이쯤 되면 고양이 묘를 쓸 것도 같은데, 아니다. 그리고 정말이지 묘한 것 하나가 더 있다. 예능 프로그램 단골 촬영지라는 점이다. 가장 먼저 알려진 건 '이효리의 눈물' 사찰이다. 온스타일 〈골든 12〉라는 프로그램에서 가수 이효리가 묘적사에서 템플스테이 체험을 한다. 이효리와 소셜 클럽 멤버들이 모닥불을 피워놓고 각자 소원을 적은 종이를 태우던 중 작가 이주희가 속내를 털어놓는다. '길고양이 밥을 줬었는데, 이사 간다. 앞으로 내가 밥을 안 줘도 아이들이 굶지 않길 바란다'고 말하며 눈물을 보인다. 이때 이효리도 함께 눈시울을 적시며 '나는 남이 울면 무조건 따라 운다. 좋은 사람이 이사 올 것이다'고 위로를 한다.

MBC 〈전지적 참견 시점〉 촬영도 이곳에서 이뤄졌다. 2020년 지현우가 그의 매니저와 함께 절에 방문해 명상으로 마음을 다지는 모습이 그려지며 웃음을 자아냈다.

묘적사는 역사도 묘하다. 신라 문무왕 때 원효대사가 창건했다고 전해질 뿐, 이를 고증할 만한 기록이나 유물은 현재 남아 있지 않다. 다만 원효대사와 요석공주에 관한 묘한 이야기가 구전될 뿐이다. 문헌 기록으로는 《세종실록》과 《연산군일기》, 《신증동국여지승람》 등에 남아 있다.

묘적사 대웅전과 팔각다층석탑

　사찰 내 전해져 내려오는 역사는 묘하기가 한술 더 뜬다. 본래 국왕 직속의 비밀 기구가 있었다는 것이다. 일종의 왕실 산하 비밀 요원을 훈련시키기 위한 사찰을 짓고, 선발된 인원을 승려로 출가시켜 승려 교육과 아울러 고도의 군사훈련을 받도록 했다는 스토리다. 임진왜란 때 일본군의 집중 공격을 받은 것도 이런 이유였다. 그 가운데 두 차례는 잘 막았으나 마지막 한 번의 공격을 막지 못하고 완전 폐허가 됐다고 전한다.

　19세기 절에 남아 있는 기록 중 《묘적사산신각창건기》에 따르면 1895년 규오법사가 산신각을 중건했다고 한다. 그리고 1917년 자신스님에 의해

묘적사 안내문(위)과 고양이 안내문(아래)

대웅전과 요사가 중건됐다. 1969년 화재로 대웅전과 산신각 등이 소실
됐는데, 1976년 다시 대웅전을 비롯해 관음전과 마하선실을 중건하고
1979년과 1984년에는 나한전과 산령각을 각각 건립하며 현재의 모습을
갖췄다.

　서설은 이쯤하고, 왜 고양이 사찰이 됐을까? 그 스토리도 묘하다. 터줏
대감 고양이가 묘하게 3마리나 살고 있어서라고 전해진다. 묘적사는 아
예 안내문을 써 붙이고 고양이의 존재를 알리고 있다. 이 3마리 고양이의
이름은 마루, 또랑, 시루다. 마루는 종종 마루 밑에서 놀아 붙여진 이름이

다. 얼굴 가운데 노란색 털이 코끝까지 있는 생김새도 묘하다. 또랑이는 개울이라는 '도랑'의 센 말이다. 마루가 마루가 됐으니 그냥 마루 앞 개울 또랑이라고 붙여버렸다고 한다. 시루는 시루떡을 닮았다고 붙인 것인데, 마루와 돌림자를 '루'로 맞췄다. 시루떡처럼 희기도 검기도 한 외모다. 물론 이들 3인방 외에 다른 고양이도 천지다. 묘적사 템플스테이족에게는 필수품처럼 챙겨 오는 게 있다. 다름 아닌 츄르다. 액상형 스틱 고양이 간식이다.

프로그램은 어떨까? 역시나 오'묘'하다. 프로그램 이름이 '오~묘하고 적절한 쉼'이다. 1박 2일 휴식형인데, 편히 쉬면 된다.

그리고 묘적사 템플스테이에서 자주 묻는 **FAQ** 하나를 소개한다.

Q. 고양이들과 놀아도 되나요?

A. 네, 고양이들이 사람을 피하지 않는 편이며 간식 주는 사람을 좋아합니다. 고양이 알레르기가 있는 분은 관련 약을 챙겨 오는 것을 제안합니다.

대한민국 유일 냥플스테이라 불리는 게 짐작이 간다. 저 멀리 마루 녀석이 눈길을 주며 무언의 한마디를 건넨다.

뭐하냥! 묘적사 템플스테이 안 오냥!

📍 경기도 남양주시 와부읍 수레로661번길 174

📞 031)577-1762

🏠 www.묘적사.kr

예약 및 상세 정보

템플스테이 프로그램 정보

휴식형 오~묘하고 적절한 쉼

지친 몸과 마음을 달래고 한 걸음 떨어져 나를 살펴볼 수 있는 시간

ⓦ 성인·중고생 7만 원, 초등생 5만 원, 미취학 3만 원

🕐 1박 2일~2박 3일(가격 상이)

📋 사찰 안내, 공양, 차담, 울력 외 자율형 프로그램

드립 커피 힙플에
템플스테이 평가 등급도 A

현덕사

───── TEMPLESTAY ─────

玄 / 德 / 寺

강릉 안목해변을 기억하는지. 커피로 전국을 올킬시킨 거리다. 커피 핫플로 소문난 안목해변을 품은 강릉, 이곳에 바리스타 뺨치는 스님이 계신 템플스테이 명가가 있다. 강릉 하고도 '현덕사'다. 이곳 템플스테이 차담은 특별하다. 일반 사찰에서처럼 지역 특산물 차를 마시는 게 아니다. 현종스님이 내려주시는 핸드 드립 커피를 마시며 은은한 커피 향과 함께 인생 이야기를 나눈다. 단주 만들기, 108배 등의 프로그램은 보너스다.

현덕사 전경

사실 현덕사는 전혀 특별할 게 없는 사찰이다. 문화유산도 없고 바위 5개뿐이다. 이 소박한 사찰에 반전이 있다. 바로 템플스테이 프로그램이다. 이렇게 아무것도 없는 작은 절이 템플스테이 최우수 사찰로 늘 최고 평점을 받는다

오대산 줄기 만월산 중턱, 스님이라고는 딱 2명뿐이다. 마당을 중심으로 대웅전과 템플스테이 숙소, 공양간 그리고 극락전과 삼성각 등 작은 전각 2채가 전부다. 시·도지정문화유산은 고사하고 절의 입구를 알리는 일주문조차 없다.

현덕사 발우공양

시쳇말로 이 볼품없는(?) 절이 2023년 대한불교조계종 템플스테이 평가에서 최우수 등급 A를 덜컥 따내면서 주변 명찰들을 놀라게 했다. 나란히 A등급을 받은 사찰의 면면을 보면 그야말로 상상 초월이다. 유네스코 세계문화유산인 경북 경주 '불국사', 지리산 자락의 전남 구례 '화엄사', 국빈들을 모시는 서울 은평구 '진관사', 천년 전통 충남 예산 '수덕사' 등과 나란히 어깨를 견준 것이다.

잠깐, 평가 결과를 소개하겠다. 한국불교문화사업단에 따르면 2023년 현덕사 템플스테이를 다녀간 사람은 무려 2,100여 명에 이른다고 한다. 이게 놀랍다. 방이라고 해야 고작 5개인데, 심지어 매주 화요일과 수요일 이틀은 쉰다. 명절 때도 휴관이다. 비는 날들을 제외하면 늘 방들이 꽉꽉 들어찬 셈이다. 평점도 들쭉날쭉한 게 아니다. 시설 대비 참가자 수, 참가자의 만족도는 물론이고 자질구레한 행정 및 홍보 분야까지 모든 항목에서 A 이상의 고른 성적을 유지하고 있다.

비결이 뭘까? 이게 역설적이게도 불편함이다. 템플스테이를 선택하는 여행족은 오히려 불편함을 즐긴다. 현덕사의 대표적인 불편함이 발우공양이다. 현대식으로 바뀐 요즘, 템플스테이에서 참가자가 공양을 스님들

의 식기인 발우로, 그것도 스님과 함께 먹는 곳은 굉장히 드물다. 크고 유명한 절일수록 참가자가 많아 대부분은 식당에서 식탁에 앉아 먹는다. 반면에 현덕사가 역설적으로 작은 절이기 때문에 가능했다.

이곳 템플스테이 참가자들이 공통적으로 하는 말이 있다. 유명 사찰의 템플스테이는 이상하게 관광을 한 느낌인데, 현덕사만큼은 다르다는 것이다. 진짜 쉼이 있고 진짜 절맛을 볼 수 있었다는 것이다.

또 하나의 비결은 커피다. 커피의 메카 강릉이 낳은 바리스타 1세대 박이추 명인 뺨치는 분이 현덕사의 현종스님이다. 커피의 고장 강릉에 둥지를 튼 만큼 원두를 고르고 커피를 내리는 주지 스님의 솜씨도 수준급이다. 2024년 봄에는 한 관광 회사에서 '현종스님의 사발커피'를 테마로

현덕사 공양간 푯말

한 사찰 커피 여행 상품도 출시했을 정도다. 그 유명한 사발커피를 맛보며 템플스테이를 할 수 있다. 1999년 절을 처음 지었을 때 커피 잔이 모자라 사발에 따라준 것이 시작이라고 한다. 물론 당연히 차도 마실 수 있다.

현덕사 템플스테이 프로그램에는 향기가 있다. 아예 '솔바람, 커피 향, 바다 내음' 템플스테이라 명명하고 있다. 체험형과 휴식형 프로그램이 있지만 체험형의 명상 프로그램 외에는 둘 사이에 별 차이는 없다. 그저 쉼이 핵심이다. 공양간 벽에는 "억지로라도 쉬어 가소"라는 문구가 써 있다. 이게 현덕사 주지 스님의 지론이다.

커피를 품은 현덕사, 오히려 불편함 속에 묻어 있는 현덕사가 여행족들 사이에 진짜 절맛으로 입소문을 타면서 SNS와 미디어에서도 화제를 모으고 있다. 최근에는 모델 한혜진이 어머니와 함께 이곳에서 보낸 1박 2일을 자신의 유튜브 채널에 올리며 인기를 모으기도 했다.

이곳 현종덕스님은 TV에 출연하면서 '꽈당스님'이라는 애칭까지 얻었다. 한참 전이다. 2013년 MBC 〈아빠 어디가〉를 여기서 촬영했는데, 배우 성동일과 아나운서 김성주 등 출연진과 함께 고무신 멀리 날리기를 하다 너무 세게 차는 바람에 뒤로 자빠진 게 그대로 방송에 나간 것이다. 성동일은 스님이 출간한 책《억지로라도 쉬어가라》의 추천사를 쓰는 등 인연을 이어가고 있다.

억지로라도 쉬어 가라, 현종스님의 책, 그러고 보니 절묘한 제목이다. 쉬지 못하는 현대인의 오일이 닳아버린 뇌는 멈추지 못해 연기를 내면서도 또 돌아가고 있다. 억지로라도 쉬어야 할 때, 그때 현덕사를 찾아야 한다.

◉ 강원특별자치도 강릉시 연곡면 싸리골길 170
📞 033)661-5878
🏠 www.hyundeoksa.or.kr

예약 및 상세 정보

템플스테이 프로그램 정보

체험형 **싱잉볼명상**

명상 전문가를 특별 초빙해 진행하는 템플스테이
Ⓦ 성인 7만 원, 중고생·초등생 6만 원, 미취학 무료
🕐 1박 2일
📋 사찰 안내, 예불, 공양, 포행, 명상, 108배, 단주 만들기, 차담 등

휴식형 **솔바람**

몸과 마음의 휴식을 취하고 편안하게 자신만의 시간을 갖는 템플스테이
Ⓦ 성인·중고생·초등생 6만 원, 미취학 무료
🕐 1박 2일~3박 4일(가격 상이)
📋 사찰 안내, 예불, 공양, 포행, 단주 만들기, 사발커피 차담 등

사찰은 고리타분?
화끈하게 서핑 힙플

낙산사

──── • TEMPLESTAY • ────

洛 / 山 / 寺

낙산사 명상 체험

여름에 가장 핫한 해변가인 강원도 양양 서피비치, 그 뜨거운(?) 곳에서의 서핑 템플스테이라면 어떤가. 솔직히 미쳤다. 파격이다. 이쯤 돼야 튀는 템플스테이라 부를 만한 터다. 야심차게 2024년 서핑 템플스테이를 밀어버린 곳, 놀랍게도 유구한 역사의 '낙산사'다.

낙산사라 하면 지금이야 화재를 떠올리지만 그 전까지만 해도 대한민국 대표 사찰로 꼽혔을 정도다. 통일신라시대 의상대사가 창건한 사찰로, 시·도유형문화유산으로 지정돼 있다.

역사만큼이나 유적도 줄줄이다. 보물 제499호인 '양양 낙산사 칠층석탑', 강원도 유형문화유산 제33호인 '낙산사 홍예문', 강원도 유형문화유산 제34호인 '낙산사 담장', 보물 제1723호 '양양 낙산사 해수관음공

낙산사 해수관음보살상

중사리탑·비 및 사리장엄구 일괄', 강원도 문화유산자료 제36호인 '낙산사 홍련암' 등이 있다.

이곳이 화마를 입은 건 2005년 4월 4일 오후 11시 50분께다. 양양군 화일리 도로변 야산에서 산불이 발생해 가옥과 창고 등 41채가 불에 탔다. 이어 자정이 지나면서 초속 15~20m의 강풍이 불었고 불이 삽시간에 번졌다. 양양 일대 산림의 약 150만㎡가 불에 탔다. 낙산사 역시 화재를 피해갈 수 없었다. 낙산사 동종까지 녹여버린 이 화마로 사찰 내부 문화유산도 대부분 소실됐다. 국가유산청은 낙산사를 복원하기 위해 김홍도의 〈낙산사도〉를 참고해 즉각 복구에 나섰다. 2015년에 이르러서야 화재로 소실된 사찰의 모습이자 지금의 낙산사가 완성됐다.

화마의 아픔을 딛고 일어서서일까. 낙산사는 가장 핫한 사찰 중 하나다. 우선 가장 튀었던 이벤트는 2024년 칠월 칠석 특집 이벤트 '나는 절로, 낙산사'에 무려 1,501명(남자 701명, 여자 773명, 성별 미기재 27명)의 청춘 남녀가 참가 신청을 해 화제를 모았다. 남녀 각 10명씩 총 20명을 선정한 이 이벤트 최종 경쟁률은 남자 70.1 대 1, 여자 77.3 대 1이었다. 원래 2012년 출발한 프로그램인데, 출범할 당시에는 20명을 채우기도 힘들었을 정도니 한마디로 대박이다.

파격도 모자라 정말이지 믿을 수 없는 게 또 하나 있다. 서핑 템플스테이를 최초로 선보인 것이다. 역시나 반응은 폭발적으로 뜨거웠다. 서핑 템플스테이, 튀는 것만이 아니다. 진중한 의미까지 담고 있다. 기후 변화에 따라 파도의 높이와 강도가 달라지듯 환경과 조건(인연)에 따라 우리

낙산사 서핑 강습

마음의 파도 높이와 강도가 달라진다는 의미를 새기라는 것이다. 그래서 무게를 두는 건 서핑보다 파도명상이다. 바다를 마주해 우리 마음의 실체를 지혜롭게 바라보고 서핑으로 파도를 즐기며 산란하고 괴로운 마음을 마주하는 시간을 갖는 셈이다.

서핑 배우기가 포함된 만큼 조건도 엄격하다. 안전상 만 11세부터 참여가 가능하다. 청소년도 보호자와 함께 참여해야 한다. 압권은 디지털 디톡스 코스라는 것이다. 서핑 템플스테이가 진행되는 2박 3일 동안 휴대전화는 반드시 반납해야 한다. 디지털만큼은 쏙 빼고 아날로그적 감성에 오롯이 집중할 수 있는 시간인 셈이다. 개인 방사도 없다. 여러 명이 함께 방을 사용해야 하며 남녀 구분도 확실하다.

일정은 이렇다. 첫날 가벼운 오리엔테이션 시간이 끝나면 둘째 날이 서핑의 하이라이트 타임이다. 오전 8시 30분 서피비치로 이동해 모닝 요가를 하며 가볍게 몸, 아니 정신을 풀어준다. 다음은 환복이다. 서핑 복장을 갖추면 10시 30분부터 서핑 강습이 시작된다. 바다와 함께 제대로 된 힐링을 경험하는 시간이다. 중간 퇴실은 불가하며 꼭 완주해야 한다. 강습 시 슈트는 대여할 수 있다. 기상 악화로 인해 서핑이 불가한 경우 체험형 프로그램인 '아득한 성자'에 준하는 실내 프로그램으로 대체된다. 2박 3일간 진행되며 참가비는 17만 원이다.

빼놓을 수 없는 게 오후 4시 30분부터 진행되는 소리명상이다. 가만히 강당에 눕는다. 눈을 감는다. 스님의 싱잉볼 터치에 따라 은은한 종소리가 파도 소리처럼 밀려온다. 그 소리에 따라 마음의 부유물을 가라앉힌다. 비로소 느껴지는 마음의 높이, 즉 파고다. 마음의 파고와 움직임을 알면 확실하게 전지적 작가 시점에서 자신을 내려다볼 수 있게 된다.

주의 사항이 있다. 밤에는 반드시 사찰로 돌아와야 한다. 클럽 분위기라고 서피비치에 몰래(?) 잠입했다가는 강퇴당할 수 있으니 필히 마음의 파고(?)를 다스려야 한다.

낙산사 원통보전과 칠층석탑

📍 강원특별자치도 양양군 강현면 낙산사로 100

📞 033)672-2417

🏠 www.naksansa.or.kr

예약 및 상세 정보

템플스테이 프로그램 정보

당일형 쉬엄쉬엄

잠시나마 마음을 내려놓고 자연을 벗 삼아 쉴 수 있는 시간

ⓦ 성인·중고생 3만 원

🕐 15:00~18:20

📋 사찰 안내, 예불, 공양 등

체험형 바람에 이는 파도

바다를 바라보며 행하는 명상, 마음챙김의 시간을 갖는 프로그램으로 꿈을 향해
한 발짝 다가선 자신의 모습을 발견하는 시간

ⓦ 성인·중고생·초등생 9만 원

🕐 1박 2일

📋 사찰 안내, 예불, 공양, 108배 염주 꿰기, 차담, 명상 등 바다와 함께하는
명상 위주 프로그램

◎ 휴대전화를 포함한 디지털 기기는 사무실에서 보관

체험형 적멸을 위하여

한국 불교 전통의 선 수행을 접근하기 쉽게 녹여낸 다양한 프로그램을 체험하고
디지털 디톡스를 실천함으로써 몸과 마음이 건강해지는 선명상 템플스테이

ⓦ 성인 17만 원

🕐 2박 3일

- 📋 사찰 안내, 예불, 공양, 차담, 명상, 선요가 등
- ⊘ 휴대전화를 포함한 디지털 기기는 사무실에서 보관

체험형 **아득한 성자**

요가형 108배와 바다를 바라보며 행하는 명상, 그리고 마음챙김을 통해 갖는 자아 성찰의 시간

- ₩ 성인·중고생·초등생 17만 원
- ⊘ 2박 3일
- 📋 사찰 안내, 예불, 공양, 차담, 명상, 선요가, 요가형 108배, 사물 체험 등
- ⊘ 휴대전화를 포함한 디지털 기기는 사무실에서 보관

휴식형 **꿈.길 따라서**

온전히 나를 위한 시간을 가질 수 있는 템플스테이

- ₩ 성인 7만 원, 중고생·초등생 6만 원
- ⊘ 1박 2일~2박 3일(가격 상이)
- 📋 사찰 안내, 공양 외 자율형 프로그램

1,000점 만점에 993점!
가을 버스킹 힙플

금선사

— TEMPLESTAY —

金 / 仙 / 寺

1,000점 만점에 993점! 템플스테이 사찰 평가 점수다. 단연 원 톱이다. 2023년 한국불교문화사업단 선정 템플스테이 최우수 사찰이자 MZ들이 가장 연광하는 산사다. 서울 권역에서 MZ세대 선택을 가장 많이 받는 대표 템플스테이 명가가 바로 서울시 종로구 구기동 '금선사' 다.

터 한번 끝내준다. 금선사는 고려 말, 조선 초 무학대사가 창건한 것으로 전해진다. 대사가 조선의 도읍지를 찾아 전국을 돌아다닐 때 점지해뒀다는 것이다. 그 위치가 절묘하다. 북한산 비봉과 향로봉을 잇는 3각 꼭짓점에 위치하고 있다. 1791년 정조대왕의 명으로 중창됐으며 정조의 아들인 순조의 탄생에도 큰 기여를 했다고 기록돼 있다.

감이 없을 독자들을 위해 현대식 지명으로 설명하자면 이렇다. 청와대와 경복궁이 놓인 인왕산, 그 산세가 한눈에 박히는 종로구 구기동에 둥지를 트고 있다. 자하문터널을 지나 구기터널 입구에서 이북5도청을 뒤로하고 북한산 국립공원 비봉 코스를 따라 올라가다 보면 끝이다. 세속의 세계를 벗어나는 첫 번째 관문인 삼각산 금선사의 일주문을 만날 수 있다.

법회가 열리는 반야전을 지나면 중앙에 200년 넘은 소나무가 보인다. 소나무를 지나 108계단을 오르면 금선사의 주불이 모셔져 있다는 대적광전을 만난다. 대적광전은 사찰의 가장 중심부면서 가장 높은 곳에서 그 위용을 뽐낸다. 우측으로는 삼성각, 북한산의 1급수가 모였다 흘러내리는 홍예교가 자리하고 있다.

금선사는 무학대사가 창건했다고 알려져 있다. 특히 이 사찰은 조선의 23대 임금인 순조의 탄생 설화를 간직하고 있다. 정조는 첫 아들인 문효세자를 잃고 서른이 넘도록 아들을 얻지 못해 고심한다. 어느 날 용파스님이 도성으로 들어가 왕에게 불교 차별을 시정해줄 것을 탄원했다. 조선이야 숭유억불 정책을 펼쳤다고 알려져 있지만 역대 임금들은 개인적으로 불교를 멀리하지 않았다고 전해진다. 정조는 대신 왕자의 탄생을 기원해줄 것을 요청한다. 용파스님은 당시 금선사에 머물던 농산스님과 의논, 각기 목정굴과 수락산 내원암에서 치성을 들인다. 기도의 효험 때문일까. 수빈 박씨가 마침내 회임하고 이윽고 순조가 태어난다.

이 순조의 탄생 설화가 농산스님의 환생과 연결된다. 농산스님이 300일 기도하신 뒤 순조대왕으로 환생했다는 천연 동굴 목정굴이 바로 옆에 버티고 있다. 이 목정굴 수월관세음보살이 바라보는 정면이 놀랍게도 인왕산이다.

금선사 템플스테이가 MZ들의 원픽에 꼽히는 건 이유가 있다. 도심 한복판인 만큼 현대인들의 스트레스와 걱정을 덜어주는 데 초점을 맞췄기 때문이다. 그야말로 입맛대로, 일정대로 고르면 된다. 평일 휴식형 프로그램인 '고요 속 마음을 쉬다'는 치열한 삶에 지친 이들에게 자연에서 누릴 수 있는 자유로운 평안과 고요한 위로를 선사한다. 압권은 싱잉볼 명상이다. 은은한 소리와 함께 마음 깊은 곳의 부유물이 가라앉는다. 타종 체험, 스님과의 차담 등 마음을 어루만질 수 있는 코스도 있다.

금선사 홍예교 앞

49

금선사 108염주 만들기

주말에는 체험형 프로그램이 대기하고 있다. 금요일부터 1박 2일간 펼쳐지는 108염주 만들기와 스님과의 차담은 일상에 지친 몸과 마음을 비우고 다시 한 번 도약하는 시간이라 보면 된다. 마음에 집중하는 108염주 만들기는 일상을 힘들게 하는 스트레스를 놓아버리고 오로지 마음에 집중해 자신을 관찰할 수 있다. 이튿날 오전에는 법당 앞 야외 공간에서 자연과 내면의 소리에 귀 기울이는 명상이 진행된다.

바쁜 일정 중에 금선사를 찾고 싶다면 당일형이 딱이다. 특히 외국인 친구와 함께하는 당일형 프로그램이 시그니처다. 오전 11시 30분부터 오후 4시까지 짧지만 굵은 커리큘럼이 기다린다. 참가자들은 도착한 뒤 점심 공양을 시작으로 사찰 안내와 싱잉볼명상, 108염주 만들기, 스님과의 차담 등을 경험할 수 있다. 외국인뿐 아니라 한국인도 영어 의사소통이 가능하다면 누구나 참여할 수 있는 열린 코스다.

정기 프로그램뿐만이 아니다. 가끔 이벤트성으로 열리는 템플스테이 프로그램도 MZ 취향이다. 무료로 진행되는 '산사 버스킹 템플스테이'가 대표적이다. 산사에서 재즈, 클래식, 대중음악 등을 융합한 라이브 공연을 들을 수 있게 기획된 행사다. 클래식 재즈 밴드인 '튠어라운드', 국악 팝 크로스오버인 '수잔' 등 다양한 인디 밴드 공연이 진행된다. 버스킹 공연과 함께 등산을 좋아하는 참가자를 겨냥해 금선사에서 북한산 진흥왕순수비까지 역사 전문가와 걷는 프로그램도 운영한다. 서울시 유형문화유산 제161호로 지정된 불교 탱화 '금선사 신중도' 등 불교 미술을 스님이 해설해주는 템플스테이도 있다.

잊을 뻔했다. 금선사만의 상상 초월 시설을 갖춘 북카페 응향각이다. 응향각은 템플스테이 참가자에게만 개방한다. 누구나 실외에 비치된 의자에 앉아 맑은 공기와 자연의 소리를 즐길 수 있는 카페 공간이다. 주로 이곳에서 불교 영어 교육 프로그램이 진행된다. 불교 용어에 대한 영어 스피드 퀴즈, 받아쓰기 등을 하는 흥미로운 과정이다.

금선사 버스킹

금선사 템플스테이

    딱딱한 사찰 공간이 아니라 숲속 열린 북카페에서의 영어 학습이라니,

이러니 MZ들이 열광할 수밖에.

📍 서울특별시 종로구 비봉길 137

📞 02)395-9955

🏠 www.geumsunsa.org

예약 및 상세 정보

템플스테이 프로그램 정보

🔵 **당일형**

🕐 11:30~16:00

📋 사찰 안내, 공양, 싱잉볼명상, 108염주 만들기 등

🔵 외국인 전용

체험형 108염주 만들기 그리고 스님과의 차담

생각을 비우고 다시 한 번 도약하는 시간

- Ⓦ 성인 8만 원, 중고생 7만 원, 초등생 5만 원
- ◎ 1박 2일
- 🗒 사찰 안내, 예불, 공양, 도량석, 108염주 만들기, 차담, 타종 체험 등
- ⊘ 프로그램 자율 참여

휴식형 고요 속 마음을 쉬다

싱잉볼명상과 함께하는 감미로운 음악으로 지친 몸과 마음을 달래며 휴식과 재충전의 기회를 갖는 시간

- Ⓦ 성인 8만 원, 중고생 7만 원, 초등생 5만 원
- ◎ 1박 2일~2박 3일(가격 상이)
- 🗒 사찰 안내, 예불, 공양, 도량석, 명상, 타종 체험 등
- ⊘ 프로그램 자율 참여

조계사 서울특별시 종로구

진관사 서울특별시 은평구

용문사 경기도 양평군

홍법사 부산광역시 금정구

CHAPTER

2

기네스북도 화들짝!

세계 기록
템플스테이

딱 2시간이면 끝!
최단 기록 템플스테이

조계사

—— TEMPLESTAY ——

曹 / 溪 / 寺

조계사 전경

　2일짜리 템플스테이는 꿈도 못 꾼다. 심지어 하루짜리도 길다는 귀차
니스트 분들은 주목하라. 딱 2시간, 3분 컵라면 같은 초간편 템플스테이
가 있다. 전국에서 가장 짧은 단 2시간 속성 코스다. 서울 종로통의 '조계
사' 템플스테이나. 심지어 도심 속에 있다. 지하철 타고 초스피드로 갈
수 있다. 서울 지하철 1호선 종각역을 나오면 바로 지척이다.

　사실 조계사는 역사의 사찰이면서 한국 불교의 핵심으로, 조계사가 갖
는 무게와 위상은 그만큼 그고 절대적이다. 조계사가 하면 전국의 사찰
이 따라간다. 예컨대 이런 식이다. 법당에 피아노를 들여 법회에 찬불가
를 도입하자 다른 사찰이 뒤따랐다. 또한 법당에서 무속인이 버젓이 점
을 보던 비불교 악습을 조계사가 폐지하자 전국의 사찰에서 무속인이
사라졌다. 지금은 봉축 때 빠지지 않는 관불 의식도 조계사가 처음 선보

이면서 시작됐다. 마당과 법당을 잇는 장애인용 시설이 전국 사찰에 도입된 것도 조계사 영향이 크다. 법당에 의자를 들이는 사찰은 여럿 있지만 조계사의 시도를 언론 매체들이 비중 있게 보도한 것도 그게 조계사여서다.

조계사는 일제 치하인 1910년 민족자존 회복을 염원하는 스님들에 의해 '각황사'라는 이름으로 창건됐다 알려졌지만 원래 이름은 '태고사'다. 삼각산_{북한산}에 있던 태고사를 종로에 옮긴 형식을 취했기에 창건 역사가 1395년까지 거슬러 올라간다. 그야말로 천년 고찰인 셈이다.

4대문 안에 사찰이 있는 것도 놀라운 일이다. 조선은 숭유억불 정책을 쓴다. 그런데도 4대문 안에 사찰, 그것도 조계사가 버틴 건 경이적인 일이다. 한양 도성 내 허락받은 첫 사찰 역시 1910년 종로에 세워진 바로 조계사의 전신인 각황사다. 1937년 각황사를 현재의 조계사로 옮기는 공사를 시작한다. 이듬해 삼각산에 있던 태고사를 이전하는 형식을 취해 절 이름을 태고사라 했다. 1938년 10월 25일 총본산 대웅전 건물의 준공 봉불식을 거행한 뒤 1954년 일제의 잔재를 몰아내는 불교정화운동이 일어난 뒤 조계사로 바뀌어 현재에 이른다.

조계사의 핵심은 열림이다. 불자와 방문객 사이에 어떤 벽도 없다. 그저 함께하고자 한다면 곧바로 함께할 수 있도록 일주문과 법당은 누구에게나 열려 있다.

대웅전에서는 하루의 시작과 끝을 알리는 새벽 예불과 아침 예불, 저녁 예불이 장엄한 울림을 전한다. 사찰이 곧 도심이요, 도심이 곧 사찰이

늣 대웅전 울림은 일림 시계요, 알람은 곧 대웅전 울림으로 섞인다

    도심 속에 둥지를 트고 있기에 조계사는 트렌드에 민감하다. 특히 대웅전 앞은 늘 시민 친화적인 테마로 꾸며진다. 코로나19 폭격을 당했을 낭시에는 바이러스에 지친 시민들을 위로하기 위해 12지신상을 세워 서원의 길을 만들어 힐링 역할을 톡톡히 해냈다. 시민들은 각자의 염원을 담은 소원지를 작성해 자신의 띠에 해당하는 신상 앞에 꼽아두고 안녕과 건강을 빌었다. 공룡 조형물을 들여 아이들이 열광하는가 하면, 10월에는 핑크뮬리 군락이 주변을 감싸며 인증 숏 명소로 거듭난다.

조계사 전경

    초스피드 지하철로 가는 사찰답게 템플스테이 코스도 담백하다. 당일치기 템플스테이 중에서는 단연 짧기로 으뜸이다. 처음부터 끝까지 딱 2시간이면 끝이다. 압권은 가격이다. 1만 원 프로그램이다. '올웨이즈' 당일형 템플스테이로 아예 대놓고 민다. 누구나 부담 없이 참여할 수 있다는 게 키워드다. 1만 원에 차별(?)도 없다. 성인, 중고생, 초등생까지 모

두 1만 원씩이다.

그렇다고 무늬만 템플스테이도 아니다. 할 건 다 한다. 시작 시간은 정확히 오전 10시. 딱 10분간 일주문 옆 사찰 안내소에 집결하고 참가 점호를 한다. 10시 10분부터는 경내를 둘러본다. 도심 속이라고 우습게 볼 게 아니다. 대웅전까지 있을 건 다 있다. 가로 50cm, 세로 25cm, 높이 80cm 크기의 그 유명한 미소불상도 있고

조계사 템플스테이

15세기 전남 영암 '도갑사'에 봉안됐다 1938년 조선 불교 총본산 건립에 맞춰 지금의 조계사 대웅전으로 옮겨진 보물 제2162호 '서울 조계사 목조여래좌상'도 온화하게 웃고 있다. 11시부터가 전통 방식의 연꽃컵등 만들기 체험이다. 1시간가량 이어진다. 그러면 오전 반나절짜리 완벽한 템플스테이를 마무리할 수 있다.

그래도 1박 2일을 해야겠다면 체험형에 도전해보자. 사찰에서 지내며 구운 빵과 집적 내린 커피를 맛보는 건 어떨까? 2024년 10월 조계사 관음전 1층에 문을 연 베이커리 조에서 말이다. 그렇다. 이때 '조'는 조계사의 '조'다. 원래는 국수 맛집으로 유명했던 승소를 개조해 신도들과 일반 시민들을 위한 쉼터 공간으로 만들었다. 직접 구워낸 향긋

조계사 베이커리 조

한 빵과 핸드 드립 커피를 비롯해 각종 전통차와 음료를 맛볼 수 있다.

굳이 커피와 빵을 먹지 않아도 좋다. 조계사를 스쳐가는 것만으로도 슬며시 미소가 날 테니.

📍 서울특별시 종로구 우정국로 55

📞 02)768-8660

🏠 www.jogyesa.kr

예약 및 상세 정보

템플스테이 프로그램 정보

당일형 올웨이즈

도심 속 전통 사찰인 조계사 경내 투어와 전통 방식의 연꽃등 만들기 체험

- ⓦ 성인·중고생·초등생 1만 원, 미취학 무료
- ⊙ 10:00~12:00
- 🗐 사찰 안내, 연꽃컵등 만들기 등

체험형 쉼표 하나

일상 속 스트레스와 피로를 비우고 활력을 재충전하는 시간

- ⓦ 성인·중고생·초등생 8만 원, 미취학 무료
- ⊙ 1박 2일
- 🗐 사찰 안내, 예불, 공양, 포행, 108배, 차담, 도량석, 사물 관람, 연꽃컵등 만들기 등

체험형 있는 그대로 한없이 평안한 마음을 만나다

선명상을 통해 있는 그대로의 나를 만나보는 시간

- ⓦ 성인·중고생 10만 원
- ⊙ 1박 2일
- 🗐 사찰 안내, 예불, 공양, 108배, 사물 관람, 명상 등

1억 원 최고가
세계 여행 팀도 찜했다

진관사

———— **TEMPLESTAY** ————

津 / 寬 / 寺

진관사 장독대

연예인 사찰로 첫손에 꼽히는 곳, 북한산 자락의 '진관사'다. SBS 〈힐링캠프〉 프로그램을 진행하면서 한때 힐링 전도사가 됐던 연예인 김제동의 최애 사찰이기도 하지만, 이곳은 세계적인 셀럽들의 애찰愛刹 넘버원이다. 할리우드 스타 리차드 기어가 방한 당시 사찰 음식을 접한 곳도이곳이다. 샘 기스 전 백악관 영양정책 선임고문 겸 부주방장, 질 바이든미국 대통령 부인 등이 다녀가면서 유명세를 탔다.

진관사가 세계를 홀린 단 하나는 밥이다. 김제동도 최고로 치는 밥은다름 아닌 '진관사 밥'이다. 콩잎김치에 된장찌개를 쓱쓱 비벼 먹는데,이게 사람 미치게 만든다.

진관사 사찰 음식

여기서 잠깐, 역사 소개다. 진관사는 고려시대 현종 2년인 1011년 진관대사를 위해 창건됐고 억불 정책을 펴던 조선시대에도 수륙재로 명성을 떨쳤다. 수륙재는 바다와 육지에 떠도는 불쌍하고 외로운 영혼을 위로하고자 불법을 강설하고 공양을 드리는 불교 의식이다.

밥으로도 유명한 이곳은 사실 드라마 단골 촬영지기도 하다. 〈세종대왕〉의 촬영지도 여기다. 실제로 세종대왕이 한글을 만들 때 집현전 학자들의 비밀 연구소로 사용된 곳도 다름 아닌 진관사다.

진관사 템플스테이는 그래서 늘 북적인다. 힐링도 하고 건강식도 먹을 수 있으니 일석이조여서다. 사찰 음식 질도 으뜸이다. 진관사 요리에는 오신채五辛菜(매운 맛을 내는 파·달래·마늘·부추·무릇 5가지 채소)가 없다. 그래서 깔끔 담백할 수밖에 없다. 고려시대 국찰로서 왕실에 음식을 제공했던 내공이 담긴 극강의 여백 맛인 셈이다.

진관사 회주이자 사찰 음식 명장 계호스님은 사찰 음식의 3가지 원칙을 이렇게 정의하신다. 청정, 유연, 여법如法, 제철에 난 채소를 냉장 보관하지 않은 청정한 상태에서 삶고 데쳐 부드럽게 만들고 마지막으로 부처님의 뜻에 맞춰 음식을 만들어야 한다는 것이다.

사찰 음식 명장 계호스님

사실 극강에 이르면 느끼는 도의 공력도 비슷한 법이다. 청정, 유연, 여법을 사찰 음식의 원칙으로 정의하지만 이게 인생을 살아가는 지침도 된다. 깨끗하고 청정한 마음을 가질 것, 게다가 모가 나지 않고 물처럼 유연한 마음을 가지는 게 중요하다. 그리고 부처님 뜻으로 그저 주어진 대로의 삶을 열심히 살아가면 될 터다.

당연히 템플스테이 프로그램은 사찰 음식처럼 깔끔하고 담백하게 버무려진 비빔밥 같다. 참선, 다담, 발우공양, 예불, 108배 등 기본 코스와 함께 사찰 음식 체험, 연꽃등 만들기, 전통 떡 만들기 등 다양한 프로그램이 절묘하게 섞여 있다.

요즘에는 짧고 굵게 당일치기를 민다. 당일형 대표 프로그램이 '발우공양'이다. 자신이 먹은 음식이 자신의 몸과 인격을 만드는 법이다. 사찰

프라이빗 제트 전용기 내부

음식 핫플답게 현대화시킨 음식으로 몸과 마음을 다스리는 코스다. 당일형이라고 우습게 보면 안 된다. 전 프로그램이 묵언 수행이다.

진관사 템플스테이를 더 빛나게 만드는 사건 하나가 있다. 기가 막힌 투어다. 1명당 경비 1억 5,000만 원, 전 세계 딱 30명 선착순, 게다가 그들끼리 전용기를 타고 세계 일주를 한다. 이름하여 '프라이빗 제트'다. 지난 2017년 이 코스에 최초로 한국이 포함돼 화제가 된 적이 있다. 한국에서 묵은 기간은 2박 3일이었다. 첫날 창덕궁을 찍고, 둘째 날 미슐랭 2스타 한식당 '곳간'을 운영하는 이종국 요리 연구가의 자택을 방문한 뒤, 셋째 날에 마침내 진관사를 찾은 것이다.

밥심으로 사는 대한민국 사람이라면 무조건 맛봐야 하는 템플스테이, 그게 진관사다.

📍 **서울특별시 은평구 진관길 73**
📞 **02)388-7999**
🏠 **jinkwansa.org**

예약 및 상세 정보

템플스테이 프로그램 정보

당일형 **자연을 먹다**
자연과 숨 쉬고 우리 문화를 느끼며 산사 음식을 음미하는 시간
💰 성인·중고생 8만 원, 초등생 5만 원
🕐 10:30~13:00

- 📋 사찰 안내, 공양, 다담 등
- ✅ 10인 이상 단체 전용

당일형 발우공양

현대화시킨 발우공양으로 편안하게 접근하는 시간

- Ⓦ 성인·중고생 8만 원
- 🕐 10:30~13:30
- 📋 사찰 안내, 발우공양, 포행, 명상, 차담 등
- ✅ 15인 미만 시 취소될 수 있음

체험형 명상 템플스테이

붓다의 명상법에 관해 듣고 사유하고 수행하는 시간

- Ⓦ 성인 12만 원
- 🕐 1박 2일
- 📋 사찰 안내, 예불, 공양, 명상 등

몸값 1조 6,000억 원의
은행나무를 품은 기록의 사찰

용문사 | 양평 |

── TEMPLESTAY ──

龍 / 門 / 寺

용문사 템플스테이관

1조 6,000억 원, 말도 안 되는 이 몸값은 한 은행나무에 매겨져 있다. 게다가 이 은행나무를 보유한 곳은 템플스테이를 운영하는 사찰이다. 사찰 주변을 돌다가 은행나무 열매 하나만 주워도 5만 원 이상은 갈 것 같은 놀라운 핫플은 경기 양평의 '용문사'다.

용문사 입구에 닿으면 탄성이 절로 나온다. 코발트 빛 하늘을 뒤로하고 떡하니 선 기와 입구문의 "경기제일 용문산"이라는 입간판부터 눈에 콱 박힌다.

어느 사찰이든 마찬가지겠지만 용문사 템플스테이만큼은 가을에 찾아야 한다. 양평 최고의 단풍 핫 스폿인 용문산 하고도 가을 SNS 인증 솟 포인트로 핫하게 떠버린 곳이 용문사 사찰이니까.

사찰 하면 정숙함과 진중함만 떠올리겠지만 용문사는 이 고정관념을 완전 뒤집어버린다. 아예 주차장에서 일주문 앞까지 1km 이어지는 공간을 통째로 테마파크로 변신시켜버린 것이다. 그야말로 사찰 트랜스포밍이다.

트랜스포밍 1단계는 주차장이다. 주차장에 테마가 있으니 말 다했다. 이곳 테마는 7080, 주차장 옆 200평 정도 됨직한 널찍한 건물이 추억의 청춘뮤지엄이다. 시간을 뭉텅 떼어내 7080 시대로 돌려놓는 타임머신 박물관이다. 안으로 들어가면 더 놀랍다. 1층에서 교복을 갈아입는 순간 백 투 더 퓨처다. 박물관 곳곳에 박힌 추억의 다방과 교실을 돌다 보면 셀카 찍느라 휴대전화 배터리가 다 떨어질 판이다. 용문사로 향하는 주차장 주변 바닥도 기가 막힌다. 아스팔트 바닥에 트릭 아트를 꾸며 연꽃 호수 위를 걸어가는 느낌을 준다.

트랜스포밍 2단계는 용문사 사찰 요금소를 지난 뒤 바로 펼쳐지는 야외 정원이다. 사찰 앞에 무슨 정원이냐고 하겠지만 이거 장

추억의 청춘뮤지엄

73

난 아니다. 웬만한 수목원 저리 가라다. 지름이 2m 남짓한 은행 조형물을 지나면 우측으로 산책로가 펼쳐진다. 살벌한(?) 코스도 있다. 어른 1명이 겨우 지날 수 있도록 나무 기둥을 세워둔 '당신의 건강은 안녕하십니까' 코스다. 각각 기둥에 '난 홀쭉(18cm)', '난 날씬(20cm)', '난 표준(23cm)', '난 통통(25cm)', '난 뚱뚱(27cm)' 등 기발한 문패가 달려 있다. 너무 좁은 것 아니냐고? 이런 불만이 터져 나오는 분들은 그 옆 '이러시면 안 됩니다(29cm)', '당신은 외계인(32cm)' 코스를 지나면 된다.

용문사 은행나무

하이라이트 은행나무는 1km 정도 걸어가면 나온다. 이미 은행나무 주변에 소원 단풍잎들이 좍 붙어 있으니 바로 눈치챌 수 있다. 직접 보니 그 영험한 기운이 그대로 뿜어져 나온다. 용문사 대웅전 바로 앞 바로 그 나무, 5그루의 은행나무가 절묘하게 서로를 감싸고 하늘로 뻗어 있다. 높이만 42m, 가장 굵은 둘레는 성인 7명이 팔로 감아 둘러쌀 정도인 14m다. 천연기념물 제30호인 이 나무는 나이가 1,500살 정도다.

사연도 기가 막힌다. 정미의병

때 일제가 이 사찰을 불태웠을 때도 이 나무만 살아남아 천왕목으로 불렸고, 조선시대 세종 때는 정3품 벼슬인 당상직첩을 하사받기도 한 명목이기도 하다.

가장 놀라운 게 이 은행나무의 몸값이다. 〈대한민국 가치 대발견〉이라는 한 공중파 프로그램에서는 이 영물이 200년 정도를 더 산다고 가정했을 때 그 가치가 무려 1조 6,884억 원에 달한다고 평가했다.

용문사라는 이름을 단 사찰은 전국에 많다. 3곳이 대표적이다. 경북 예천, 경남 남해와 이곳까지다. 그런데 기도발만큼은 양평 용문사를 못 따라온다는 설이 있다. 왜일까? 위치상으로 양평 용문사가 용의 머리에 해당하기 때문이다. 당연히 영험함이 더해질 터다.

용과 관련된 설화는 또 있다. 용문사를 품은 용문산은 '미륵의 지혜'라는 의미의 '미지산彌智山'이라는 애칭이 붙어 있다. '미륵' 발음을 풀어서 하면 '미르', 순수 우리말로 '용'이다. 그래서 용문이라는 이름을 달았다는 스토리도 있다.

간단한 역사도 알고 가자. 913년 대경대사가 창건하고 고려 우왕 때 지천대사가 개풍 '경천사'의 대장경을 옮겨 봉안한다. 가장 번성한 시기는 조선 초다. 절집이 304칸이나 들어서고 300명이 넘는 승려가 모일 만큼 번성했다는 기록이 있다.

대한제국 당시 전국에서 의병 활동이 활발하게 전개될 때 용문산과 용문사는 양평 일대 의병들의 근거지가 됐다. 이때 등장하는 인물이 권득수 의병장이다. 용문사에 병기와 식량을 비축해두고 항일 활동을 펼치며

용문사 전경

일제에게 타격을 입혔다. 반격에 나선 일본군 보병 25연대 9중대와 용문
사 일대에서 치열한 공방전을 벌였는데, 1907년 8월 24일 일본군이 용문
사에 불을 질러 사찰의 대부분 전각이 소실됐다고 한다.

　현재의 모습을 갖게 된 건 1982년께다. 6·25 전쟁 때 손상된 대웅전과
관음전, 산령각, 종각, 요사 등을 다시 보완하고 삼성각, 범종각, 지장전

등을 새로 중건해냈다.

최고 몸값의 은행나무를 품은 이곳의 템플스테이는 정말이지 가을에는 오픈 런을 해야 할 정도다. 체험형 '나를 챙기다'와 휴식형 '나를 쉬어 가다'로 나뉜다. 휴식형은 주중, 주말에는 체험형 템플스테이를 즐기면 된다. 저녁 예불을 마친 뒤 스님과의 차담 시간도 독특한데, 1 대 1 면담이 아니라 템플스테이 참가자 전원이 모여 대화를 하고 고민을 푸는 형태다. 은행나무 참선, 산길명상, 건강요가 등의 프로그램이 비정기적으로 추가된다. 번뇌를 날린다는 독특한 대종 체험도 인기다.

은행잎에 소원지 날기 고스스 있다. 이때가 초강력 경쟁이다. 최고 몸값의 은행나무에서 잎이라도 우수수 떨어지면? 이거 값 제대로 따지자면 천문학적일 수도 있으니 서로 한 잎 더 집으려고 경쟁이 치열하다. 그저 물욕의 마음을 내려놓아야 할 터인데 말이다.

무조건 맛봐야 할 용문사 먹거리도 있다. 하나는 은행나무 바로 아래 카페에서 파는 연꿀빵이다. 연근, 마, 팥을 섞은 절묘한 맛이 난다. 또 다른 하나가 은행 핫도그다. 추억의 청춘뮤지엄 바로 옆 가게에서 파는데,

용문사 스님과 함께하는 캠프파이어

은행을 갈아 나온 가루를 밀가루 반죽에 섞어 튀겼다. 맛은? 비밀이다.
직접 가서 먹어보라.

　용문사 템플스테이에는 시그니처 프로그램 2가지가 있다. 먼저 대종
체험이다. 대종은 범종이라고도 한다. 다른 사물(법고, 운판, 목어)과 같이
예불 전에 쳐서 시방세계에 알리는 역할이다. 대종은 아침에는 28번, 저
녁에는 33번을 친다. 천상에서 지옥까지 있는 고통받는 중생들의 마음을
편안하게 해주기 위해서다. 마음을 담아 대종을 힘껏 치면 그 울림이 직
접 온몸에 전해져 오고 마음이 편해진다.

다음은 스님과 나누는 화톳불 차담인 '스님과 함께하는 캠프파이어'다. 검푸른 밤에 별들이 쏟아지는 잔디밭, 잘 말린 참나무 화톳불을 밝히고 스님이 따라주는 찻잔을 들며 이런저런 담소로 세상의 고민을 쓸어내리는 시간이다. 이야기가 무르익어가면 화톳불의 고구마도 익어간다.

📍 경기도 양평군 용문면 용문산로 782

📞 031)775-5797

🏠 www.yongmunsa.biz

예약 및 상세 정보

템플스테이 프로그램 정보

체험형 나를 챙기다

나 자신에게 집중하고 마음의 휴식과 힐링을 함께하는 시간

💰 성인·중고생·초등생 9만 원

⏱️ 1박 2일

📋 사찰 안내, 예불, 공양, 108배, 대종 체험, 단수 만들기, 지냠 등

휴식형 나를 쉬어 가다

혼자만의 시간을 가지며 쉬어 가는 시간

💰 성인·중고생·초등생 8만 원

⏱️ 1박 2일~10박 11일(가격 상이)

📋 사찰 안내, 예불, 공양 외 자율형 프로그램

⏰ 매주 목, 금, 토요일에는 '스님과 함께하는 캠프파이어' 프로그램이 있음

아파트 15층 높이 좌불상으로
최장신 기록 보유한 사찰

홍법사

───── TEMPLESTAY ─────

弘 / 法 / 寺

홍법사 전경

어린이 영어 템플스테이와 댕플스테이, 말도 안 된다. 딱 구미에 맞는
테마, 이 2가지 이색 템플스테이로 뜬 곳이 있다. 부산시 금정구의 '홍법
사'다.

홍법사는 틀을 깬다. 아예 불교의 생활화, 현대화, 복지화에 이어 세계
화를 부르짖는다. 그게 널리 법을 펼친다는 홍법弘法의 이치다. 일체 중생
에게 두루 평등할 것, 차별이 없을 것, 그렇게 놀고 돈나는 부처님의 법인
원융무애와도 일맥상통한다.

사찰이 놓인 위치도 절묘하다. 맑은 물이 흐르는 냇가를 따라 길을 달
리면 앞에는 금정산, 뒤에는 철마산이 버티고 있다. 연잎처럼 둘러진 연
화장 가운데 홍법사가 자리하고 있다. 설립은 2009년 4월에 됐다. 특이

한 건 법당이다. 놀랍게도 원형이다. 원융무애를 실천하기 위한 차원에서 정토를 나타내는 원형 법당을 완공한 것이다. 석가모니 부처, 관세음 보살, 지장보살을 모신 원형 법당이 2층의 통층 구조인 것도 독특하다. 외부와는 달리 단청을 입혀 고전의 가치를 살렸다는 평가다.

홍법사의 시그니처는 대한민국 최대 좌불이다. 멀리서 한눈에 박히는 황금빛 대불은 높이만 21m에 달한다. 건물 높이까지 합치면 무려 45m, 아파트 15층 높이다. 좌불로는 국내 최대 규모다. 한마디로 대작이다. 아미타 대불에는 부처님 진신 사리가 봉인돼 있다. 법당 우측 숲길로 가면 독성각이다. 전각에는 나반존자를 모신다. 창건주인 하도명화보살이 평생 원불로 모신 게 나반존자다.

틀을 깨며 세계화를 부르짖는 사찰답게 템플스테이 프로그램도 열려 있다. 대표적인 게 어린이 영어 템플스테이다. 지루해할 어린이를 위해 아예 당일형으로 운영한다. 시작은 오전 9시부터다. 10시부터는 인도 문화 배우기(춤, 노래, 의상 체험)로 흥을 돋운다. 11시 30분부터는 쿠킹 클래스에서 인도 음식 만들기 체험을 한다. 하이라이트 어린이 영어 코스는 놀랍게도 108배를 하며 진행된다. 시간은 점심 공양이 끝난 오후 1시부터 1시간 동안이다. 이후에는 간단히 간식도 맛본다. 코스가 끝나는 건 오후 5시다. 단체 사진을 촬영한 뒤 컴백이다.

1박 2일 코스로는 선명상 템플스테이와 사찰 음식 만들기, 쪽빛 천연 염색 체험 코스가 대표적이다. 특히 쪽빛 천연 염색 체험은 홍법사만의 독특한 프로그램이다. 이틀 동안 사찰에 머물며 자신을 찾고 건강한 사찰 음식 조리법과 염색 체험을 하게 된다.

최근에 대박을 친 건 역시나 댕플스테이다. 2024년 5월 1박 2일 숙박형으로 진행했는데, 무려 200여 명의 신청자가 몰린 것이다. 결국 사찰에서 8팀을 선정해 진행했다. "법당개 is 온 my 버킷 리스트", "엄마랑 템플스테이! 버킷 리스트인데 너무 참여하고 싶어요. 친구들~ 좋은 건 함께 하자개!" 등 댕플스테이 서포터즈가 되기 위해 남긴 댓글들도 재미있다.

1차 코스에 참여한 반려견들의 면면도 화려하다. 부산 사나이 탕이, 그리고 소금이, 뽀야, 정열, 순대, 복순이, 무무, 주노까지. 모두 홍법사 템플스테이 동참자 명단으로 이름을 올린 반려견들이다. 모든 코스의 핵심은 힐링이다. 견주들과 함께 경내를 거니는 반려견들은 따뜻한 햇살을 맞으며 잔디 마당에서 걷고 달렸다. 편안하게 누워 명상을 할 때가 가장 행복

홍법사 천연 염색 체험

홍법사 명상 체험

했다는 후문이다. 숙박을 하는 코스는 염주 만들기와 함께 사찰 음식 공양, 스님과의 차담, 반려견 동반 산책 등 힐링을 주제로 진행된다.

댕플스테이 인기에 홍법사는 당일형도 연이어 선보였다. 당일형은 대부분 특별 강연이 대기한다. 1,000만 반려견 시대임에도 함께하는 문화가 부족하고 반려견의 특성을 감당하지 못하는 경우가 대부분이다. 그래서 결국 유기견으로 버려지는 사건도 많다. 당일 교육을 통해 바람직한 반려견 문화를 만들자는 취지다.

홍법사 주지 심산스님의 지론은 하나다. 견주가 행복해야 반려견도 행복하다는 것이다. 견주의 사고가 바르지 않고 자기중심적이면 반려견도 역시나 불행해질 수밖에 없다는 논리다. 그래서 자기중심적 사고로 반려견을 키우는 태도를 경계한다. 생명을 바르게 돌보는 것, 그게 불교의 불살생과 일맥상통한다는 의미다. 당일형에는 반려견의 기질 파악, 행동 패턴 이해와 함께 반려견 관련 법률 상식, 맹견 기질 테스트 등도 함께 진행된다.

이런 말 지겹지만 정말이지 개팔자가 상팔자다.

📍 부산광역시 금정구 두구로33번길 202

📞 010-8457-0343

예약 및 상세 정보

템플스테이 프로그램 정보

당일형 **잠깐의 휴식! 템플라이프**

일상의 스트레스에서 벗어나 내면과 마주하고 긍정적인 마인드를 얻는 시간

- 🔾 성인·중고생·초등생 2만 원
- 🕐 10:00~12:30
- 📋 사찰 안내, 공양, 108배 등

당일형 **반려동물과 함께하는 특별 템플라이프**

초록의 넓고 푸른 잔디에서 반려동물과 뛰어 놀며 일상의 답답함을 해소하는 시간

- 🔾 성인 6만 원, 중고생·초등생·미취학 무료
- 🕐 13:00~16:40
- 📋 108염주 만들기, 천연 염색 체험, 반려동물 행동 교정, 미니 운동회 등
- 🕐 최소 6팀, 최대 15팀 진행/배변봉투 준비 필수

체험형 **또 하나의 시작**

나의 장점과 나만의 색깔을 찾고 자신에게 신뢰와 사랑의 마음을 전하는 시간

- 🔾 성인 6만 원, 중고생 5만 원, 초등생 3만 원, 미취학 무료
- 🕐 1박 2일
- 📋 사찰 안내, 예불, 공양, 108배, 연꽃등 만들기, 도량 가꾸기, 차담 등

`체험형` **선명상 템플스테이(사찰 음식 만들기)**

천연 조미료와 건강한 밥상을 직접 만들어 먹어보는 사찰 음식 체험

- ⓦ 성인 8만 원, 중고생 7만 원, 초등생 6만 원, 미취학 무료
- ◉ 1박 2일
- ▤ 사찰 안내, 예불, 공양, 108배, 명상, 차담, 사찰 음식 만들기 등
- ◉ 10인 이상 신청 시 진행

`체험형` **선명상 템플스테이(평안등 밝히기)**

잔디 마당에서 자비명상을 할 수 있는 특별한 템플스테이

- ⓦ 성인 8만 원, 중고생 7만 원, 초등생 6만 원, 미취학 무료
- ◉ 1박 2일
- ▤ 사찰 안내, 예불, 공양, 108배, 명상, 차담, 천수경, 경행염불, 도량 가꾸기 등

`체험형` **선명상 템플스테이(싱잉볼명상)**

붓다볼(싱잉볼)과 함께하는 특별한 템플스테이

- ⓦ 성인 8만 원, 중고생 7만 원, 초등생 6만 원, 미취학 무료
- ◉ 1박 2일
- ▤ 사찰 안내, 예불, 공양, 108배, 명상, 차담 등
- ◉ 8인 이상 신청 시 진행(최대 10인)

`체험형` **선명상 템플스테이(천연 염색 체험)**

우리 조상들이 매우 귀하게 여기며 널리 사용한 쪽빛 천연 염색 체험을 통해 지친 몸과 마음을 힐링하는 시간

- ⓦ 성인 8만 원, 중고생 7만 원, 초등생 6만 원
- ◉ 1박 2일
- ▤ 사찰 안내, 예불, 공양, 108배, 명상, 차담, 천연 염색 체험 등
- ◉ 8인 이상 신청 시 진행

`휴식형` **하루의 쉼표**

마음의 짐을 내려놓고 지친 삶을 잠시 쉬며 나 자신을 힐링하는 시간

- ⓦ 성인 5만 원, 중고생 4만 원, 초등생 3만 원, 미취학 무료
- ⊙ 1박 2일~3박 4일(가격 상이)
- 🗒 사찰 안내, 예불, 공양, 108배, 차담 등

일상 속
불교 용어를 아나요?
①

무심코 쓰는 말인데, 그게 불교에서 유래된 것들이 있다. 템플스테이의 재미를 위해 이런 것도 알아두면 도움이 된다. 혹시 알까? '무진장' 많은 이 불교 용어를 익히는 '찰나', '겁'의 시간을 뛰어넘어 '해탈'의 경지에 이를지.

강당
講堂

강당은 학교든 대학이든 다 있다. 인도에서는 설법을 강(講)하던 장소를 의미한다. 현대에는 학교, 관공서 등에서 많은 사람이 한군데 모여 의식이나 강연 등을 들을 수 있는 큰 장소다.

건달
乾達

놀랍다. 이게 불교 용어라니. 국어사전 정의는 이렇다. "하는 일 없이 빈둥빈둥 놀거나 게으름을 부리는 짓. 또는 그런 사람." 인도 신화에서는 천상의 신성한 물 소마(Soma)를 지키는 신이 건달이다. 그 소마는 신령스런 약으로 알려져 왔으므로 훌륭한 의사이기도 하다. 향만 먹으므로 '식향(食香)'이라고도 칭한다. 그 외에 '향음(香陰)', '심향(尋香)', '심향행(尋香行)' 등으로도 번역된다. 모두 2가지 의미를 지닌다. 첫째는 긴나라와 함께 제석천의 음악을 담당하는 신이며 고기와 술을 먹지 않고 향만을 먹는다. 항상 부처님이 설법하는 자리에 나타난다. 정법을 찬탄하고 불교를 수호한다. 현대 인도에서는 음악을 직업으로 하는 사람을 가리키는 말로 쓰인다. 두 번째 해석은 사람이 죽은 뒤 다른 몸을 받기 전인 영혼신, 즉 중음신, 중유 등의 의미다. 태어날 다른 곳을 냄새로 찾아다닌다고 하여 심향행이라고도 불린다. 모두 사자의 갈기 같은 관을 쓰

고 있다. 석굴암의 8부중, 경주 남산의 동·서 삼층석탑, 국립박물관에 소
장된 8부중의 석재, 경주박물관 소장 8부중에서 흔히 볼 수 있다. '건달
패'라는 단어는 여기서 유래했다. '너, 건달 아냐?' 하는 말을 쓸 때 이 깊
은 뜻을 알아두면 무언가 새로움이 느껴질 것이다.

✿ 겁
劫

영겁, 흔히 쓰는 말이다. 시간의 단위로, 가장 길고 영원하며 무한한 시
간을 겁 또는 '겁파(劫波)'라고 한다. 세계가 성립돼 존속하고 파괴돼 공
무(空無)가 되는 하나하나의 시기를 말한다. 측정할 수 없는 시간, 즉 몇
억 만 년이나 되는 극대한 시간의 한계를 가리키기도 한다. 그 길이를
《잡아함경》에서는 다음과 같이 설명한다. '사방과 상하로 1유순(由旬,
약 15km)이나 되는 철성 안에 겨자씨를 가득 채우고 100년마다 겨자씨
한 알씩을 꺼낸다. 이렇게 겨자씨 전부를 다 꺼내도 겁은 끝나지 않는다.
사방이 1유순이나 되는 큰 반석을 100년마다 한 번씩 흰 천으로 닦는다.
그렇게 해서 그 돌이 다 마멸돼도 겁은 끝나지 않는다.' 어렵다고? 한마
디로 '겁'나 긴 세월을 의미한다고 생각하면 된다.

✿ 관념
觀念

사람의 마음속에 나타나는 표상·상념·개념 또는 의식 내용을 가리키는
말이다. 원래는 불교 용어라는 게 특이하다. 진리 또는 불타를 관찰사념
(觀察思念)한다는 의미다. 심리학 용어로서의 관념은 대개 표상과 같은
의미로 사용된다. 관념은 영어의 'idea'고 표상은 독일어 'Vorstellung'
의 번역어인데, 현재는 대개 동의어로 사용된다.

CHAPTER

3

돈과 운을 부르는 사찰!

소원 명당 템플스테이

33kg의 순금 황금 사원
기도하면 대박 터진다

수국사

─── **TEMPLESTAY** ───

守 / 國 / 寺

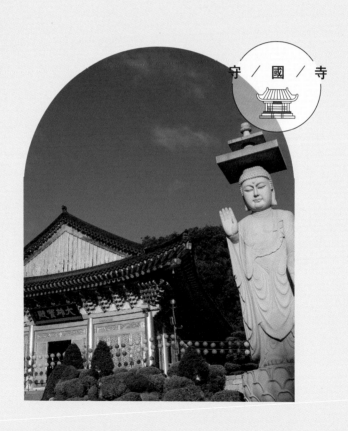

"동양 최대의 황금 사원", KBS 〈스펀지〉에서 서울 '수국사'를 소개하며 붙였던 수식어다. 무늬만 황금도 아니다. 진짜 금가루가 뿌려져 있다. 물론 건물을 황금으로 지은 건 아니다. 하지만 법당을 구성하는 목재에 한 땀 한 땀 금가루를 빽빽하게 발라 넣었다.

수국사 대웅보전

템플스테이 이야기에 사심 가득해지면 안 되지만, 일단 금 가격 이야기를 안 하고 갈 수는 없다. 이 금박을 전부 긁어모으면 무게가 무려 33kg다. 손바닥만한 1kg짜리 순금 골드바가 현 시세로 약 1억 2,000만 원 정도인 점을 감안하면 이 금은 시가로만 무려 40억 원대에 육박한다.

이런 곳에서의 템플스테이니 가히 황금 템플스테이라 부를 만하다. 당연히 이곳 템플스테이 프로그램 명칭도 '황금 템플스데이'다. 기가 막히지 않는가. 아, 잊을 뻔했다. 이곳에서는 간절함을 담은 소원도 황금 법당에서 빈다. 재테크족이라면 버킷 리스트 0순위에 올릴 법한 동양 최대의 황금 사원, 그곳이 서울 수국사다.

불교에서는 깨달으면 몸에서 빛이 난다고 표현한다. 불상에 금칠을 하

수국사 대웅보전 내부

는 까닭이다. 불상은 본래 '금상金像'이라고도 한다. 수국사는 불상뿐 아니라 법당까지 금빛으로 빛나서 유명세를 타고 있다. 중심 전각은 대웅보전이다. 이건 통째 황금이다. 온통 황금색이며 외부만이 아니라 내부도 찬란하게 빛이 난다. 지은 지 600년이 넘은 일본의 황금 사원 '킨카쿠지(금각사)'보다 2배 이상 클 정도니 말 다했다.

사찰 이름에 나라 '국國' 한자가 들어가면 왕실과 관련이 깊다. '경국사', '봉국사', '흥국사', '국녕사'가 그렇다. 대부분 왕릉을 지키거나 산성을 지키는 사찰들이다. 왕의 무덤만이 아니다. 왕의 아내나 아들의 무덤도 관리한다. 수국사 역시 능침陵寢 사찰이다. 세조가 어린 나이에 죽은 맏아들(의경대왕)의 극락왕생을 위해 세운 게 수국사다.

최악을 맞은 건 6·25 전쟁 때다. 폭격으로 건물 대부분이 파괴됐는데,

역대 주지 스님들이 계속해 중창을 거듭해오다 1995년에 황금 법당으로 중창해 현재에 이르고 있다. 수국사는 금으로 칠해진 황금 법당으로는 한국에서 유일한 사찰이다. 외 9포, 내 15포, 108평 규모에 청기와로 된 전통 목조 법당이며 법당 안팎을 기와 이외에는 100% 순금으로 개금불사(조각에 금 옷을 입히는 작업)했다고 알려져 있다.

황금 법당 외에도 볼거리가 있다. 초전법륜상이다. 무상정각을 성취한 부처님이 5명의 비구를 교화하고 최초의 제자들을 거두는 장면이다. 이 미술품에서도 부처님은 금빛으로 환하게 빛을 낸다.

수국사 템플스테이는 휴식과 자유를 강조한다. 아무 데서나 다리를 뻗어도 좋고 누워도 된다. 여차하면 당장 나가면 그만이다. 당연히 시그니

수국사 전경

수국사 공양간

처 프로그램은 당일형 황금 템플스테이다. 단 4만 원에 황금 템플스테이
의 진가를 느낄 수 있다면 어떤가. 심지어 당일형인데도 108배 코스가
기다리고 있다. 점심 공양을 한 뒤 스님과의 차담을 나누고 해산한다.

　황금 법당에서의 예불이 포함된 1박 2일 코스 '나에게 주는 선물'도
인기다. 자율을 중시하는 만큼 봉산 둘레길을 걷는 산책도 자율, 별빛명
상도 다 자율 참여다. 템플스테이 하면 무조건 거쳐야 하는 것으로 아는
108배 역시 억지로 시키지 않는다.

　주의 사항 하나가 있다. 가끔 자유 시간에 진짜 금인지 확인하느라 나
무에 발라진 금을 긁는 이들이 있다. 자신에게 주는 선물은 금이 아니라
마음 통제력임을 다시 한 번 명심하자.

- 서울특별시 은평구 서오릉로23길 8-5
- 010-2844-2604
- www.suguksa.org

예약 및 상세 정보

템플스테이 프로그램 정보

당일형 황금 템플스테이

지치고 힘든 몸과 마음을 잠시 쉬어 갈 수 있는 시간

- ⓦ 성인·중고생·초등생·미취학 4만 원
- ⊙ 10:00~14:00
- 🗐 사찰 안내, 공양, 108배, 차담 등

체험형 지금. 여기 어때

조화롭고 평화로운 삶의 시작과 온전히 나에게 집중하는 시간

- ⓦ 성인·중고생·초등생 8만 원
- ⊙ 1박 2일
- 🗐 사찰 안내, 예불, 공양, 108원력, 차담 등

휴식형 나에게 주는 선물

복잡한 도심을 떠나 명상으로 힐링하고 자연의 기운으로 건강해지는 시간

- ⓦ 성인·중고생·초등생 7만 원
- ⊙ 1박 2일
- 🗐 사찰 안내, 공양 외 자율형 프로그램

1박 2일 30만 원!
만수르 템플스테이

무량사

— TEMPLESTAY —

無／量／寺

생명을 3년이나 연장해준다는 불로 약수쯤은 우습다. 타고 이동하는 버스가 25억 원짜리 수륙양용이라면 어떤가. 아, 방점을 찍는 만수르 템플스테이다. 1박에 30만 원, 심지어 독채를 다 쓴다.

만수르처럼 즐기다 올 수 있는 만수르 투어가 가능한 곳이 있다. 충남 부여라는 곳이다. 부여를 평정한 템플스테이를 즐기기 전에 만수르처럼 즐기는 코스가 있다. 일단 백제문화단지로 향한다. 이곳에서 요즘 핫한 투어가 수륙양용버스 투어다. 대당 25억 원, 대한민국에 딱 2대밖에 없는 수륙양용버스를 타고 부여 백마강에 풍덩 뛰어든다. 곁에서 보면 영락없는 버스지만 모서리가 마치 배의 에지처럼 둥그스름하다.

타는 방식도 놀랍다. 25억 원짜리답게 비행기식이다. 탑승 계단이 수직으로 내려온다. 계단을 오르자마자 바로 우측에 매달려 있는 튜브부터

백마강을 달리는 수륙양용버스

99

눈에 박힌다. 외관만 버스일뿐, 이건 배다. 가장 재미있는 건 운전석이다. 핸들이 선장님(수륙양용버스에서는 운전사 아저씨라고 부르면 큰일 치른다)의 앞쪽과 우측에 2개가 달려 있다. 정면은 지상용, 우측은 수상용인 셈이다.

코스는 황포 돛배로 백마강을 돌며 백제 유적을 탐방하던 그대로다. 일단 육지를 가는 동안 짤막한 영상을 보며 수상 트레이닝을 받는다. 마치 항공기 기내 방송 같은 느낌이다. 구명조끼 착용법과 비상시 안전 대처법 2가지다. 4, 5분쯤 지나면 바로 백마강에 도착한다. 볼 것 없이 입수다. 싱가포르 덕투어 뺨치는 속도다. 게다가 거칠 게 없다.

도로를 약 시속 30km로 질주하던 버스가 백마강 중간을 가로질러 그대로 풍덩 뛰어들면 그때부터는 배로 돌변한다. 수상 속도는 정확히 시속 18km 수준이고 높이가 3.7m인 버스는 물에 입수한 뒤 1.2m가 잠겨 운항된다. 하류 코스의 포인트는 부소산, 고란사, 낙화암까지 3곳이다. 그저 감탄사가 나온다. 고란사 선착장에서 유람선을 타고 봤던 낙화암을 수륙양용버스 창문을 통해 보다니. 해설가의 차진 설명이 이어지면서 버스, 아니 배는 유턴해 상류로 질주한다. 백마강교 아래를 버스로 지나니 멀리 백제보까지 눈에 박힌다.

차창 왼쪽으로 범바위(범 모양 기암절벽)가 지나갈 무렵 다시 유턴해 투하 장소로 컴백한다. 물살을 가로지르며 지상에 오를 때도 거침이 없다. 25억 원짜리 수륙양용버스를 타고 백마강을 질주하는 신통한 경험은 만수르 형님이 직접 타봐도 탄성을 내지를 게 틀림없다.

여기서 잠깐, 고란사 약수쯤은 꼭 들러 마셔봐야 한다. 고란사는 조선 후기의 문인 화가 이윤영의 그림 〈고란사도〉에 등장할 정도로 유서 깊은 사찰이다. 고란사의 약수, 기가 막힌다. 한 번 마시면 3년이 젊어진다는 그 유명한 고란약수다. 고란사로 들어서면 백마강이 한눈에 박히는 난간에 소원지가 주렁주렁 달려 있다. 맛도 절묘하다. 비릿한 철분 냄새가 나는 보통 약수와 달리 물맛이 아주 깔끔하면서도 달다.

무량사 석등

재미있는 스토리가 있다. 백제의 왕들은 고란약수를 즐겨 마시며 건강을 챙겼는데, 진짜 고란약수인지 증명할 수 있도록 약수터 뒤쪽 절벽에 자라는 희귀하고 기이한 풀을 가져와 물동이에 띄우도록 했다는 것이다. 고란사 주변 습한 바위틈, 절벽, 벼랑 끝에서 자라는 고란초는 수명이 무려 30~50년에 달한다. 불로 약수를 먹고 자라니 그럴 만도 하다.

지금부터는 템플스테이 타임이다. 부여 템플스테이 명당은 '무량사'다. 무량사는 조선조 천재로 알려진 매월당 김시습과 떼려야 뗄 수 없는 인연의 사찰이다. 생후 8개월에 글을 떼고 3살에 시를 지었으며 5살에 사서를 읽었다는 전설이 있다. 신동이 났다는 소문을 세종대왕이 놓칠

101

무량사 극락전

리 없을 터, 당연히 아꼈다. 장성한 김시습은 역시 세종이 끔찍이 아끼던 단종을 위해 끝까지 절개를 지킨다. 수양대군이 왕위를 찬탈한 계유정난 이후 철저히 아웃사이더의 삶을 견지한 것도 그다. 거열형을 당해 조각난 사육신들의 시신을 몰래 수습해 묻어준 뒤 평생을 은둔하거나 떠돌았다. 2,000수 이상의 한시를 남겼는데, 새로운 권력을 경멸하면서 그 권력 아래 줄 선 자들을 욕하고 비꼬는 내용이 많다.

　생애의 절반 이상을 '설잠雪岑'이라는 법명의 승려로 산 김시습은 이곳 무량사에서 입적한다. 무량사는 충남 부여군 외산면 만수산 남쪽 기슭에 둥지를 트고 있다. '무량無量'이라는 이름에서 단번에 아미타 도량이라는 것을 알 수 있다. 중앙에는 극락세계를 주재하는 아미타불을 모신 극락전이 자리하고 있다. 보물 제356호다. 조선시대 인조가 통치하던 17세기 초반에 중건됐다고 한다. 역사가 오래된 데다 김시습의 흔적이 서려 유서가 깊다. 그의 사리를 봉안한 부도가 있고 공부하고 저술했다는 청한당(2007년 복원)도 명물이다. 원하면 청한당에서 며칠 묵을 수 있다.

인증 솟 포인트가 이곳 고목이다. 족히 500살은 돼 보임 직한 고목은 앞에서 보면 멀쩡한데, 뒤에서 보면 몸통이 다 헐어 비어 있다. 껍질로만 버티다 죽은 듯한데, 여름이면 근사한 그늘까지 선사하고 꽃까지 피워낸다. 특히 나이 지긋한 템플스테이 참가자들이 이 앞에서 충심으로 기도를 한다.

2017년 템플스테이 사찰로 지정받은 무량사는 용서를 전면에 내세운

무량사 고목과 전경

무량사 숲길 포행

다. 아예 "최고의 자비심은 용서입니다"라는 타이틀로 당일형, 체험형, 휴식형 프로그램을 운영한다. 사실 화를 내고 증오를 해봐야 의미가 없다. 굳이 불교적으로 표현하자면 증오의 불길은 미워하는 자에게 가 닿지 않고 오로지 자신의 마음만 불태울 뿐이다. 유명 개그맨 신동엽은 운전을 하다가도 화를 내는 법이 없다고 고백한다. 끼어들었다고 상대에게 욕을 해봐야 창문 너머로 들리지 않는다. 그럼 째려본다? 그것도 의미가 없다. 선탠이 진하니 보이지도 않는다. "그저 자기 마음만 상할 뿐이다"라고 말한다. 용서라는 게 그렇다. 용서는 상대가 하는 게 아니다. 오직 스스로만 할 수 있다. 심지어 용서를 하는 순간 그 감정에 대한 통제권도 자신에게 온다. 그러니 다스려진다.

　만수르 투어에 방점을 찍어주는 무량사만의 템플스테이도 있다. 놀랍게 1박 2일 기준 30만 원이다. 김시습이 시와 글에 매진했다는 청한당에 묵으며 자신을 바라볼 수 있는 코스다. 청한당은 무량사 내에서 터에 모이는 기가 가장 좋은 곳으로 꼽히는 명당이다. 최대 2박 3일 숙박이 가능한데, 이 경우는 가격이 60만 원까지 된다. 그야말로 만수르 템플스테이인 셈이다.

📍 충청남도 부여군 외산면 무량로 203

📞 041)836-5099

🏠 muryangsa.net

예약 및 상세 정보

템플스테이 프로그램 정보

당일형 최고의 자비심은 '용서'입니나

사찰의 불교문화를 체험할 수 있는 템플스테이

🅦 성인·중고생·초등생 2만 5,000원

🕘 09:30~13:00

📖 사찰 안내, 공양, 차담, 넌꽃등 민들기 등

◎ 단체 전용

체험형 최고의 자비심은 '용서'입니다

화내는 마음과 성내는 마음을 내려놓고 나를 믿고 나를 사랑하는 힘을 키워 타인에 대한 자비심으로 지혜롭게 살아가는 의미를 배우는 시간

- 💲 성인 8만 원, 중고생 5만 원
- 🕐 1박 2일
- 📋 사찰 안내, 예불, 공양, 차담, 108배, 108염주 만들기, 태조암 트레킹 등

휴식형 무량한 자비심
자율적으로 몸과 마음의 휴식을 취하고 편안하게 갖는 자기만의 시간
- 💲 성인 6만 원, 중고생·초등생 4만 원, 미취학 무료
- 🕐 1박 2일~3박 4일(가격 상이)
- 📋 사찰 안내, 예불, 공양 외 자율형 프로그램

휴식형 청한당에서 休
한 가족이 오붓하게 몸과 마음을 쉬면서 탐진치 삼독을 풀어내는 시간
- 💲 성인 30만 원
- 🕐 1박 2일~2박 3일(가격 상이)
- 📋 사찰 안내, 예불, 공양 외 자율형 프로그램
- 🕐 한 가족 5인까지 묵을 수 있는 큰방 1개와 욕실 1개의 청한당 독채 사용

1초 만에
소원 성취 여부를 안다고?

은해사

──── TEMPLESTAY ────

銀 / 海 / 寺

딱 1초 만에 소원 성취 여부를 바로 알 수 있다면? 게다가 이런 소원 핫 플을 품은 템플스테이라면 어떤가. 믿거나 말거나, 이 놀라운 곳은 경북 하고도 영천이다.

영천 땅을 밟았다면 템플스테이 전에 무조건 거쳐 가야 할 소원 명당 하나가 있다. 그 정체는 '돌할매'다. 이게 기도 안 찬다. 딱 1초 만에 바로 소원 성취 여부가 나온다. 믿어지는가. 속전속결, 그 신속성(?) 때문에 성격 급한 분들은 죄다 이곳을 찾는다. 특히 수능이 코앞인 시점과 회사 승진 인사를 앞둔 연말께는 30분 이상 웨이팅을 각오해야 한다.

돌할매의 모양새는 별것 없다. 그저 자그마한 사당 안에 바윗돌 하나가 놓여 있을 뿐이다. 그런데 이게 사람을 울고 웃긴다. 타조알 모양으로 생긴 이 돌의 무게는 대략 10㎏ 정도다. 화강석인데, 지름은 25㎝ 정도

돌할매

된다.

돌할매의 역사는 300년을 훌쩍 넘는다. 주민들이 예부터 마을의 대소사를 이곳에 여쭀다고 전해진다. 이 돌할매가 대박을 친 건 1993년부터다. 이후 입소문을 타면서 전국 각지에서 사람들이 몰려들었고 속전속결 소원 명소로 전국 으뜸이 된 지금은 주말 평균 500명 이상이 찾는다.

소원 비는 법도 있다. 간단하다. 일단 돌할매 앞에서 눈을 감는다. 간단히 프로필(자기소개 개념이다)을 읊고 소원을 말한 뒤 돌을 들어 올리면 된다. 번쩍 들리면 실패, 반대로 들리지 않으면 성공이다(10㎏, 누구나 힘을 주면 들어 올릴 수 있는 무게다). 간혹 번쩍 들렸는데, 환호성 지르는 분들(?)이 있는데, 이거 아니다. 안타깝겠지만 소원 실패다. 이런 분들도 있다. 들리는 느낌인데, 안 들고 버티는 척하는 분들이다. 이 역시 안 된다. 실패다.

그렇게 정확하냐고 콧방귀 뀔 분들을 위해 돌할매 인기를 간접 경험할 수 있는 놀라운 스토리가 있다. 돌할매가 인기를 끌면서 인근에 돌아지매, 돌하루방, 돌할배 같은 아류급 명당들이 줄줄이 생겨났다. 다시 한 번 강조하지만 돌할배, 돌아지매 아니다. 돌할매를 찾아야 한다.

소원 성취 여부 판단 의식을 거쳤다면 비로소 템플스테이로 향한다. 경북 영천시 청통면 치일리 팔공산 자락에 있는 '은해사'가 이 주변 템플스테이로는 으뜸으로 꼽힌다.

역사는 신라 41대 헌덕왕까지 거슬러 올라간다. 헌덕왕이 즉위한 해인 809년 혜철국사가 창건해 1,200여 년의 역사를 버텨온 아미타 부처 도

은해사 전경

량이다. 은해사란 이름도 흥미롭다. 보살, 나한 등 팔공산 곳곳의 불보살
들이 마치 은빛 바다가 물결치는 듯 찬란하고 웅장한 모습이 극락정토
같다고 해서 붙여졌다고 한다. 오죽하면 신라 진표율사가 〈관견〉이라는
시에서 은해사를 이렇게 비유했을까. "한길 은색 세계가 마치 바다처럼
겹겹이 펼쳐져 있다."

　은해사는 그야말로 열려 있다. 압권이 주지실 우향각이다. 여느 사찰
에서는 주지 스님이 계신 곳으로, 쉽사리 드나들 수 없다. 은해사는 이를
뒤집는다. 우향각 앞 친절한 안내판에는 "들어오셔서 사진 찍고 쉬다 가

세요"라고 적혀 있다.

특히 생명 존중의 고집을 알 수 있는 게 북이다. 범종루라 불리는 곳에는 주로 범종, 운판, 목어, 법고가 있다. 범종은 우리가 볼 수 없는 영들을 제도하기 위해 친다. 운판은 하늘을 날아다니는 날짐승을 위해, 목어는 수중 동물을 구제하기 위해 울린다. 법고는 육지의 동물을 위해 두드리는 불교의 '사물四物'이다. 은해사의 북은 조금 다르다. 법고 대신 쇠로 만든 쇠북이 있다. 사연인즉 이렇다. 1994년 일타스님이 범종루의 북을 불사하시면서 중생의 가죽조차 쓰지 말라는 자비심으로 쇠북을 조성하셨다고 전해진다.

은해사의 템플스테이 역사는 깊다. 2007년 템플스테이 사찰로 지정된

은해사 보화루

111

뒤 꾸준히 입소문을 타면서 지금은 연 참가 인원 3,000명대를 오르내린다. 우수 운영 사찰로도 단골 지정되는 명찰이다.

은해사 템플스테이는 체험형과 휴식형 프로그램이 주를 이룬다. 체험형은 사찰 문화 체험도 하고 참선, 걷기명상, 별빛명상 등이 주요 프로그램이다.

상시로 운영되는 휴식형도 있다. 체험형 일정과 비슷하게 진행되며 사찰 문화 체험, 단주 만들기 등의 프로그램이 있다. 당일형도 있는데, 보통 사찰로 당일형 체험 문의가 왔을 때만 진행된다고 한다. 프로그램 내용도 상황에 따라 다르다.

평범해 보인다고? 아니다. 사실 은해사 템플스테이를 빛나게 하는 건 중간중간 이어지는 스폿성 프로그램이다. 이 프로그램이 강한 듯 부드럽다. 강한 건 육군3사관학교를 대상으로 진행하는 리더십 배양 프로그램이다. 템플스테이를 통해 강인한 군인 리더십을 배워가는 과정이다. 부

육군3사관학교 대상 프로그램

드러운 건 아이들을 위한 코스다. 영천시 보건소와 함께 인근 어린이집 원아들을 대상으로 환경성 질환인 아토피와 천식 예방 관리를 위한 숲 체험 프로그램을 진행한다. 어린이 눈높이에 맞춘 인형극과 함께 숲길 걷기 체험 등 자연 그대로의 개선법을 활용한다.

템플스테이가 좀 지루한들 어떠랴. 소원 성취 여부를 1초 만에 알 수 있는 소원 명당이 지척인데.

◉ 경상북도 영천시 청통면 은해사로 300

📞 054)335-3308

🏠 www.eunhae-sa.org

예약 및 상세 정보

템플스테이 프로그램 정보

체험형 **내 발길 닿는 곳, 암자**

은해사 산내 암자인 거조암, 서운암, 기기암, 백흥암, 운부암, 묘봉암, 중암암을 찾아 걷고 명상하며 나를 찾아 떠나는 여행

Ⓦ 성인 8만 원, 중고생·초등생 7만 원, 미취학 3만 원

🕐 1박 2일

🗒 사찰 안내, 예불, 공양, 명상, 암자 순례, 천연 염색 에코 백 만들기 등

체험형 **자기 자신을 찾아가는 길**

소중한 나를 찾고 일상에 지친 마음을 위한 쉴 곳을 찾는 시간

Ⓦ 성인 8만 원, 중고생·초등생 7만 원, 미취학 3만 원

🕐 1박 2일

📋 사찰 안내, 예불, 공양, 명상, 108배, 차담 등

`휴식형` **잠시 쉬어요. 쉬엄쉬엄 라이프**
일상에 지친 몸과 마음을 자연으로부터 위로받고 재충전하는 시간

₩ 성인 6만 원, 중고생·초등생 5만 원, 미취학 3만 원

🕐 1박 2일~3박 4일(가격 상이)

📋 사찰 안내, 공양 외 자율형 프로그램

2개는 No! 딱 1가지 소원만
들어주는 갓바위

동화사

── **TEMPLESTAY** ──

소원도 성취하고 템플스테이도 즐길 수 있다면? 기가 막힌 일석이조의 코스가 대구 하고도 팔공산 자락의 '동화사' 템플스테이다. 특히 연말연시에는 인기 폭발이다.

먼저 찾아야 할 곳은 대구 인근 최고의 소원 핫플 팔공산이다. 연말연시 가장 붐비는 소원 명소 중 하나다. 포인트는 갓바위다. 지리적인 위치는 경북 경산시 와촌면인데, 정확히는 대구의 남산, 팔공산의 북동쪽 경계에 걸쳐 있는 관봉 정상이다.

가본 이들은 안다. 바위라 불리지만 바위가 아니다. 갓을 쓴 4m짜리 좌불이다. 사실 갓바위는 애칭이다. 이름은 '관봉 석조여래좌상'이다. 물론 애칭이 본인(?)의 이름보다 더 유명한 일반명사처럼 쓰인다. 당연히 보물 제431호, 통일신라시대 대표적 걸작이다.

그 유명한 갓은 돌덩어리다. 머리 위에 두께 15cm 정도의 평평한 돌이 얹어져 있다. 사실 모양보다는 소원을 들어주는 효험이 알려지면서 톡톡히 유명세를 타고 있다. 소원 포인트는 좌불 오른쪽 아래 수직 바위벽이다. 거친 수직 벽면에 이미 수십 개 동전이 놀랍게도 다닥다닥 붙어 있다.

무슨 일이 일어난 걸까? 일단 소원을 비는 요령이다. 먼저 동전을 바위에 슬쩍 올려둔다. 수직 벽이니 만유인력의 법칙에 따라 당연히 떨어져야 정상일 터다. 하지만 가끔씩 떨어지지 않는 동전이 있다. 그 동전을 붙인 이의 소원이 철썩 이뤄진다는 것이다. 주의 사항이 있다. 소원 비는 데만 정신이 팔리면 아찔한 풍광을 놓친다. 갓바위에서 내려다보는 탁 트

동화사 전경

인 팔공산 아래 설경은 가히 천하 일미다.

이 지척에 템플스테이로 유명한 동화사가 있다. 갓바위에서도 가깝다. 동화사는 1,500년 고찰이다. 신라 소지왕 15년인 493년 극달화상이 창건해 '유가사'라 칭했고 그 뒤 832년 심지왕사가 중창했다. 겨울철인데도 절 주위에 오동나무 꽃이 만발해 동화사라 고쳐 불렀다 한다.

천년 고찰답게 명승 사관학교라 불린다. 그 맥도 면면히 이어져 오고 있다. 홍진국사 혜영을 비롯해 기성 쾌선, 인악 의첨, 사명 유정, 석우 보화 등 불교계에 큰 족적을 남긴 스님들이 모두 동화사에서 수행했다. 특히 임진왜란 당시 승병 활동으로 국난 극복에 앞장선 사명대사는 불교계뿐 아니라 국민에게도 잘 알려진 인물이다.

불교계 내에서도 동화사의 위상은 높다. 대한불교조계종의 제9교구 본사로서 '파계사', '부인사' 등 146개의 말사를 두고 있다. 2012년 11월 팔공총림으로 승격해 조계총림 '송광사', 영축총림 '통도사', 금정총림 '범어사' 등과 함께 대한불교조계종의 8대 총림 중 하나로서의 역할을 수행하고 있다. 총림이란 선·교·율을 겸비하고 학덕과 수행이 높은 본 분종사인 방장의 지도 아래 스님들이 모여 수행하는 종합적인 수행 도량을 말한다. 범어로는 '빈타바나'라고 한다. 많은 대중이 화합해 한곳에 모여 사는 것이 마치 수목이 우거진 숲과 같다고 해서 붙여진 이름이다.

천년 고찰답게 템플스테이 프로그램도 명품이다. 템플스테이 홍보 사이트에서는 아예 "동화처럼 이루어지 시"라고 표현한다. 인근 갓바위의 영험함 덕일까. 기가 살아 있는 곳으로 유명세를 타면서 전체 템플스테이 방문객 가운데 10% 이상이 외국인일 정도로 한류 힐링에 톡톡히 한 몫을 하고 있는 한류 사찰이 동화사다. 2008년 7월 프랑스태권도연맹의 단체 템플스테이를 시작으로, 서울 세계철학대회에 참가한 세계 각 나라의 석학, 전국 다문화 가정 가족들, 한국 33관음성지순례 일본 관광객 등이 모두 거쳐 간 곳도 이곳이다.

가장 평범한 코스는 1박 2일 체험형이다. 사찰 음식 체험관에서 직접

동화사 참선당

동화사 사찰 음식

동화사 차담

사찰 음식 체험을 할 수 있는 코스와 차담 위주로 구성된 '차를 나누다' 프로그램이 있다. 다선일미茶禪一味, '차를 마시는 것과 선 수행은 다르지 않다'는 글귀처럼 한 잔의 맑은 차를 통해 선의 향기를 느껴보고 본래의 자신과 마주하는 뜻깊은 시간이다.

　외국인들과 아이들이 특히 열광하는

건 숲속에서 하는 태극 선무도 프로그램이다. 부드러운 동작을 통해 건강도 찾고 힐링도 하는 코스다.

아예 사찰에 묵으며 선명상을 심도 있게 공부하며 자원봉사 한 달 살이를 하는 '우리는 동!자!봉!이에요' 프로그램도 인기다. 50세 이하에 건강하다면 남녀 불문 도전해보길 바란다. 잊을 뻔했다. 2주 이상만 도전 가능하니 마음 단단히 먹고 지원할 것.

뭐, 힘들어도 어떤가. 동화처럼 (소원이) 이루어지 사, 그게 동화사의 참 의미라는데.

📍 대구광역시 동구 동화사1길 1

📞 010-3534-8079

🏠 www.donghwasa.net

예약 및 상세 정보

템플스테이 프로그램 정보

체험형 차를 나누다

스님이 정성껏 내려주시는 차와 담소를 통해 일상에 지친 몸과 마음을 정비하고 온전히 깨어 있는 나를 되찾는 시간

💰 성인 9만 원, 중고생 8만 원, 초등생 6만 원

🕐 1박 2일

📋 사찰 안내, 예불, 공양, 108배, 불전 사물, 명상, 차담, 울력 등

`체험형` **마음을 더하다 '사찰 음식 만들기'**

건강한 사찰 음식을 만들어 먹어보며 느끼는 휴식과 힐링의 시간

- Ⓦ 성인 10만 원, 중고생 9만 원, 초등생 6만 원
- ◎ 1박 2일
- 📋 사찰 안내, 예불, 공양, 108배, 불전 사물, 차담, 울력, 사찰 음식 만들기 등

`체험형` **'一心' 我! 선명상 템플스테이**

동화사만의 차별화된 프로그램으로, 선명상을 통해 불법을 이해하고 깨어 있는 참된 나를 찾는 시간

- Ⓦ 성인 20만 원, 중고생 18만 원, 초등생 16만 원
- ◎ 2박 3일
- 📋 사찰 안내, 예불, 공양, 108배, 불전 사물, 차담, 명상, 태극 선무도, 사찰 음식 만들기 등

`체험형` **우리는 '동!자!봉!'이에요**

선명상을 통해 마음도 챙기고 프로그램 진행 지원 및 보조를 하는 자원봉사 템플스테이

- Ⓦ 성인 무료
- ◎ 2주~1개월
- 📋 사찰 안내, 예불, 공양, 108배, 명상, 울력 등
- ◎ 신청 조건
    1. 건강한 남녀(50세 이하, 미성년 불가)
    2. 2주 이상부터 신청 가능
    3. 신청서 작성 시 특이사항란에 자원봉사 신청 이유를 반드시 적을 것(자원봉사자는 2인 1실 사용)
- ◎ 동자봉의 소임
    1. 동화사 템플스테이 조력

2. 참선당 불단 청소
3. 새벽 예불과 사시 예불을 준비하고 예불 뒤 뒷정리(사시 예불 시에는 불단의 초와 향, 천수와 마지를 준비하고 예불 뒤에는 퇴공)
4. 템플스테이 관리 주임 인솔 아래 참가자가 머무르는 방사 청소 및 도량 관리
5. 다음 기수 동자봉에게 인수인계

휴식형 **온전한 쉼**

몸 가는 대로, 마음 가는 대로 휴식하며 일상의 피로를 풀고 몸과 마음의 균형을 되찾는 시간

- ⓦ 성인 7만 원, 중고생 6만 원, 초등생 5만 원, 미취학 3만 원
- ◉ 1박 2일~3박 4일(가격 상이)
- 🗐 사찰 안내, 예불, 공양, 불전 사물, 명상, 울력 등

육지장사 경기도 양주시

향일암 전라남도 여수시

미황사 전라남도 해남군

길상사 서울특별시 성북구

CHAPTER

4

BTS RM도 갔다!

스타
템플스테이

가수 혜은이도 다이어트 성공!
살 빼주는 사찰

육지장사

六 / 地 / 藏 / 寺

이 템플스테이, 강렬하다. 천년 고찰을 둘러보며 힐링만 하는 게 아니다. 아예 살을 빼준다고 큰소리까지 친다. 게다가 주 테마는 디톡스다. 영혼의 살점도 덜어내고 몸속의 악한 기운도 몰아낸다.

단식으로 정평이 난 '육지장사' 템플스테이는 한마디로 강추다. 쫄쫄 굶는 건 기본이고 새벽 4시 기상에 제법 강렬한 유격인 108배까지 줄줄이 이어지니 효과가 끝내준다. 스님과의 차담으로 영혼 디톡스까지 가능하니 강점이야 이루 말할 수 없다.

가장 매력적인 건 서울에서 지척이라는 점이다. 불광동으로 빠져 20분쯤 차로 달려가면 된다. 이건 진정 꿀팁인데, 차를 가져가면 절 앞마당에 바로 주차할 수 있다. 지방 사찰을 생각해보라. 주차장에 주차하고도 한참을 걸어가야 하는 걸 떠올리면 최고의 매력인 셈이다.

여기서 잠깐, 육지장사 디톡스와 단식 프로그램을 경험한 셀럽들의 면면이다. 은밀하게 오간 분들도 계시지만 공식적으로는 가수 혜은이가 꼽힌다. 1박 2일이면 2kg, 2박 3일이면 3kg은 그냥 빠진다는 이 프로그램의 마법을 체험할 당시 경험했다고 한다.

사찰의 역사다. 불교에는 지장보살이 있다. 중생을 제도하기 위해 백천 가지 모습으로 시현한다고 알려진 분이다. 대표

육지장사 대웅보전

육지장사 수선당(왼쪽)과 선재당(오른쪽)

적인 시현이 육지장(일광지장(천상계), 제계지장(인간계), 지지지장(아수라계), 보인지장(축생계), 보수지장(아귀계), 단타지장(지옥계))이다. 육지장 6만 불 봉안 사찰이어서 절 이름을 육지장사라 했다 전해진다.

　사찰은 천혜의 명당이다. 대웅보전 좌향은 정남향이고 좌측은 일출봉 주봉에서 힘차게 내려 뻗은 청룡의 기운을 품고 있다. 우측은 어머니의 풍만한 두 유방이 우뚝우뚝 봉우리져 복록福禄과 덕의 상징인 백호등이 감싸 안았다. 앞산 노고봉은 선계의 노고할멈이 상주하는 지혜의 상징이요, 우측 앞산은 앵무봉이 버티고 있어 평화와 사랑을 선물하는 안락의 상징이 어우러진다.

　사찰이라는 게 그렇다. 큰스님을 닮는다. 이 절 역시 지원 큰스님을 쏙 빼닮아 정갈하면서도 담백하다. 1만여 평에 달하는 절터 한복판에 대웅보전이 놓여 있고 옥계단을 따라 그 아래 양옆에 수선당과 선재당이 만들어진 게 끝이다. 대웅보전에서는 양주 도리산 주변이 한눈에 담긴다.

현재 템플스테이 프로그램은 4가지다. 체험형 3가지와 휴식형 1가지다. 육지장사 단식 프로그램은 나름 체계가 있다. 가장 인기 있는 코스는 쑥뜸과 온구 체험이다. 특히 쑥뜸은 끝내준다. 대자로 드러누운 채 단전(배꼽 아래 한 뼘 지점)에 뜨거운 뜸 단지를 올려놓고 글자 그대로 지지는 시간이다. 1시간 여 동안 무념무상으로 있으면 그동안 데워진 쑥의 기운이 기혈 순환을 왕성하게 돕고 오장육부와 내분비선 기능을 강화해준다. 사실 뜸은 만병통치약이다. 108배처럼 체온을 마법의 37℃로, 1℃ 높여놓는 기능을 한다. 자연 면역력이 강한 어린아이 체온이 37℃다.

압권은 식사다. 다이어트 템플스테이인 만큼 공양 역시 다이어트 전용즙이다. 사과와 당근을 갈아 만든 주스에 1,700년 역사를 품은 이 절 비전이 섞인 마법의 가루가 첨가된다. 주지 스님인 지원스님에게 비법을 물었더니 "장사를 위해 어쩔 수 없다"라며 너스레를 떠신다. 더 놀라운 건 식사 방법이나. 이 주스들 세상에나, 씹어 먹는다. 그것도 자기 나이만큼.

다이어트 템플스테이에 대해 간을 보는 체험형 프로그램은 2박 3일 코스가 일반적이다. 본격적인 살 빼기는 둘째 날 108배부터 시작된다.

육지장사 쑥뜸 체험

131

육지장사 모유정

새벽 4시 기상, 이어지는 30분간 108배를 하고 나면 해묵은 살덩 어리도, 삶에 대한 집착도 어느 새 훌훌 날아간다. 마지막 코스 는 포행이다. 천천히 걸으면서 선 을 행한다는 말이다.

육지장사에는 또 하나 명물이 있다. 바로 소원 명소인 108범종 이다. 절터를 따라 놓인 108범종을 하나하나 방망이로 내려치다 보면 먼저 간 조상들과 자신이 복을 받을 수 있다는 영물이다. 이곳의 약수는 '모유정母乳井'에서 나온다. 산 형세가 어머님의 젖무덤같이 풍만한 유방 둘의 봉우리가 있어 붙여진 이름이다.

주의 사항 하나는 사찰 인근이 경기도 양주 한우마을이다. 자칫 마블 링의 유혹에 빠지는 순간 요요의 공포가 곧바로 엄습한다. 다이어트 코 스를 체험한 분 대부분이 이 고비를 넘지 못한다는 전설(?)이 전해진다. 다시 한 번 강조한다. 디톡스가 말짱 도루묵 되지 않으려면 필히 주의 하길.

◉ 경기도 양주시 백석읍 기산로471번길 190
◉ 031)871-0101
◉ www.yukjijangsa.org

예약 및 상세 정보

템플스테이 프로그램 정보

체험형 **我-차 선명상 템플스테이**

본래 나의 마음을 찾고 알아차리는 지혜를 찾아가는 시간

- 🇼 성인 9만 원, 중고생 7만 원
- ⊘ 1박 2일
- ▤ 사찰 안내, 예불, 공양, 108배, 명상, 단주 만들기 등

체험형 **스트레스를 낮추고 면역력을 높여주는 체험형 템플스테이**

스트레스에 지친 몸과 마음을 불가의 건강법으로 힐링해 에너지를 재충전할 수 있는 길 제시

- 🇼 성인 8만 원
- ⊘ 1박 2일~2박 3일(가격 상이)
- ▤ 사찰 안내, 예불, 공양, 108배, 명상, 옥온구 체험 등

체험형 **다이어트 단식 템플스테이**

육지장사 효소선차로 배고픔 없이 2, 3주도 가능한 단식 요법 체험

- 🇼 성인 15만 원
- ⊘ 2박 3일
- ▤ 사찰 안내, 예불, 공양, 108배, 명상, 옥온구 체험 등
- ⊘ 단식 중간에 선차(주스)에서 식사(밥)로 변경이 불가하니 자신이 없을 경우 처음부터 식사로 신청할 것

휴식형

편안하게 쉬고 마음의 여유를 찾는 시간

- 🇼 성인 7만 원, 중고생 6만 원, 초등생 5만 원, 미취학 무료
- ⊘ 1박 2일~2박 3일(가격 상이)
- ▤ 예불, 공양 외 자율형 프로그램

BTS 힐링 사찰!
아미들도 몰려 간다

향일암

— TEMPLESTAY —

向／日／庵

'페르소나Persona', 네이버 지식백과의 설명은 이렇다. "가면, 인격. 타인에게 파악되는 자아. 그리스 어원의 '가면'을 나타내는 말로 '외적 인격' 또는 '가면을 쓴 인격'을 뜻한다."

스위스 심리학자이자 정신과 의사인 칼 구스타브 융은 말한다. 사람의 마음은 의식과 무의식으로 이뤄져 있다. 여기서 그림자와 같은 페르소나는 무의식의 열등한 인격이며 자아의 어두운 면이다. 혜민스님 표현을 빌리자면 '나의 나'가 아니라 '남의 나' 같은 존재다. 나의 의식이 주체적으로 조정하는 나가 아니라 남이 만들어낸 세상 속에서 남이 빚은 대로 산다는 의미, 즉 남의 나로서의 삶이 페르소나라는 의미다.

삶도 여행도 마찬가지다. '나는 누구인가', '이 여행이 과연 내가 욕망한 진짜 나를 위한 여행인가'를 끊임없이 물어야 한다. 그래야 길을 잃지 않는다. 흔들리지 않는다. BTS의 RM도 마찬가지였을 것이다. 그는 그가 만든 노래 〈페르소나〉를 통해 읊조린다. "누군 달리라고, 누군 멈춰서라 해. 얘는 숲을 보라고, 걔는 들꽃을 보라 해." 이렇게 흔들릴 때 RM은 스스로를 다독였다.

RM이 페르소나를 벗어던지기 위해 자주 찾는 곳이 사찰이다. 전남 여수 금오산에 둥지를 튼 '향일암'도 그중 한 곳이다. 그러고 보니 이름 한번 절묘하다. 해를 품은 곳이라니. 향일암 템플스테이는 해를 품을 수 있어 더 특별하다. 당연히 이 특별함을 증폭시켜주는 핵심 사건이 RM의 방문이었다. '남해의 소원 명당' 애칭에 'BTS 소원 명당'이라는 수식어까지 더블로 달았으니 그 인기야 말이 필요 없을 터다.

향일암 관음전 내부

　일단 이 사찰의 역사부터 보자. 선덕여왕 때다. '원통암'이라는 이름
으로 세워졌고 지금의 향일암이라는 이름은 1715년에 지어졌다. 명찰
답게 특별함은 내부 구조에서도 드러난다. 일반인들 사이에 소원 명당이
된 이유는 이곳의 독특한 관음전 탓이다. 인간 세상의 소원을 부처님에
게 전달하는 관세음보살을 모시는 곳이 관음전이다. 향일암에는 이 관
음전이 묘하게도 2개가 존재한다. 그러니 소위 기도발도 2배일 거라는
희망을 품는 것이다. 아닌 게 아니라 이곳은 국내 4대 관음 기도 사찰로
도 꼽힌다.

향일암에서 바라보는 남해 바다

향일암에 오르는 과정도 특별하다. 바위 동굴 틈 7개를 지나야 한다. 간절한 마음을 품고 이 틈을 모두 지나면 소원 하나는 반드시 이뤄진다는 관문이다. 하지만 만만치 않은 코스가 있다. 7개 틈 중 으뜸으로 꼽히는 바아굴 해탈문은 해탈문이라는 이름처럼 마음이 무거운 사람은 지나지 못한다. 당연히 이곳을 지나기 전에 쌓인 마음의 짐을 다 내려놓아야 한다. RM 역시 이 길을 오르며 그를 짓눌러온 마음의 짐을 내려놓았을 것이다. 그가 내려놓은 것이 짐작이 간다. 남의 시선, 남이 원해서 만든 RM의 페르소나였을 것이다. 한 걸음 한 걸음 바위틈을 지나며 그는 오롯이 자신의 욕망, 자신의 자아를 찾았을 것이다.

풍광만큼은 대한민국 넘버원인 곳이 향일암이다. 남해 바다와 금오산이 만나는 절경 속에 자리해 있어 연간 100만 명 이상 발길이 끊이지 않는 명찰이다.

향일암이 K-문화상품으로 도약한 템플스테이 운영을 선언한 것은 비교적 최근이다. 150여 개가 넘는 전국 템플스테이 사찰 중에서는 그야말로 신상급이다. 기도와 참배는 디폴트다. 여기에 도량에 머물며 잃어버린 참 나를 찾는 대국민 휴양 도량을 자처하고 나선 것이다. 마치 RM이 남의 나로 사는 페르소나를 벗어던지려 이곳을 찾아 참 나, 즉 나의 나를 찾은 과정과 마찬가지다.

템플스테이 프로그램은 크게 2가지다. 체험형과 휴식형이다. 맞춤 사회공익형 프로그램도 있다. 사찰의 역할 가운데 사회적 책임과 지역민을 위한 코스다.

향일암이라는 이름답게 천수관음전에서 해가 뜨는 바다를 바라보며 참 나를 찾는 명상이 핵심이다. 향일암 템플스테이 법대심 간사의 지도로 자세와 호흡법을 익히고 좌복 위에 다리를 틀고 앉아 자신을 찾아간다.

템플스테이 신상인 만큼 깔끔한 시설이 강점이다. 템플스테이관으로 탈바꿈한 곳은 후원 건물이다. 최신식 세면 시설을 갖춘 방사(40명 수용 가능)와 현대식 공양 공간과 다실이 차례로 마련돼 있다.

체험형은 1박 2일 코스가 기본으로, 첫날은 설렌 날이고 둘째 날은 아쉬운 날로 정의한다. 독특하게 첫날에 저녁 예불 108배 과정이 있다. 날

씨가 좋을 때는 금오산으로 포행도 나간다. 오체투지 같은 힘겨운(?) 과
정은 없으니 걱정 붙들어 맬 것. 소감문을 적고 참 나를 찾는 과정을 정리
하는 시간도 있다.

새벽, 바다 위로 떠오르는 태양을 보며 명상을 하다 보면 자연스럽게
RM의 페르소나에 나오는 가사가 떠오를지 모른다. "내가 되고 싶은 나,

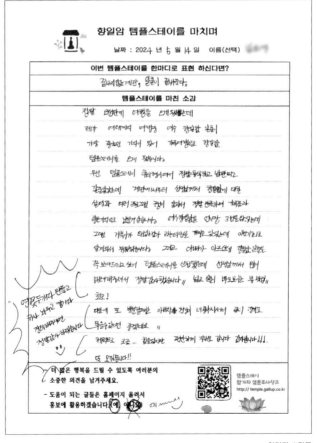

참가자 소감문

향일암에서 바라보는 남해 바다

사람들이 원하는 나, 니가 사랑하는 나, 또 내가 빚어내는 나, 웃고 있는 나, 가끔은 울고 있는 나. 지금도 매분 매 순간 살아 숨쉬는 Persona."

　아르투어 쇼펜하우어는 말했다. 남을 닮기 위해 인생 중 4분의 3을 낭비하는 게 인간이라고. 참 나를 찾는 향일암 템플스테이를 통해 사람들에게 보이기 위한 나(남의 나)라는 페르소나를 떨치고 인생 낭비를 부디 끝내길. RM의 가사처럼 'But (나에게) 부끄럽지 않게'.

◎ 전라남도 여수시 돌산읍 향일암로 60
◎ 010-6504-4742
◎ www.hyangiram.or.kr

템플스테이 프로그램 정보

당일형 당일의 추억

금오산 산책과 더불어 끝없는 수평선과 드넓은 바다를 보며 스님과 차 한 잔의 여유를 즐기는 시간

- ₩ 성인 3만 원, 중고생·초등생 2만 원
- 🕐 13:00~16:00
- 📋 사찰 안내, 차담, 산책 등
- ◎ 5인 이상 단체 전용

체험형 해는 우리를 향하다

수행자의 일상을 체험하고 자신을 돌아보며 참다운 나를 찾아 떠나는 힐링의 시간

- ₩ 성인 12만 원, 중고생 6만 원, 초등생 4만 원
- 🕐 1박 2일
- 📋 사찰 안내, 예불, 공양, 108배, 차담, 산책 등

휴식형 해를 품은 향일암 기행

일출을 보며 새로운 각오와 지친 마음을 모두 털어내고 그 빈자리에 부처님의 가피를 가득 담아가는 시간

- ₩ 성인 10만 원, 중고생 5만 원, 초등생 3만 원, 5세 이하 무료
- 🕐 1박 2일~2박 3일(가격 상이)
- 📋 사찰 안내, 공양 외 자율형 프로그램

혜민스님이 찜한
땅끝마을 힐링 사찰

미황사

— TEMPLESTAY —

美／黃／寺

여러분은 혹시 자신만의 안식처가 있나요? 삶이 지치고 힘들 때, 그래서 본연의 자기 모습을 잃어버린 것 같은 느낌을 받을 때, 혼자 조용히 찾아가 숨을 고르며 치유의 시간을 보낼 수 있는 장소 말입니다. 스페인어로는 이렇게 다시 기운을 되찾는 곳을 케렌시아(Querencia)라고 합니다.

- 혜민스님 《고요할수록 밝아지는 것들》 중에서

케렌시아, 스페인에서 온 이 말의 원뜻은 조금 살벌하다. 피 튀기는 스페인 투우 경기에서 투우사와 목숨을 걸고 싸우다 지친 소가 숨을 고르며 잠시 휴식을 취하는 그 포인트, 즉 잠깐 쉬며 '기력을 회복하는 장소'라는 의미니까 말이다. 살짝 틀어 삶에 케렌시아를 투영해본다면 의미는 더 와닿는다. 하루하루가 피 말리는 전쟁터인 초고속의 삶, 냉혹한 이 삶의 정글에서 유일하게 조용히 찾아가 치유할 수 있는 피란처 정도가 된다.

혜민스님은 조곤조곤 말한다. 행복은 멀리 있지 않다고. 불안하고 힘든 삶 속에서 버티려면 자기 주변의 케렌시아를 여러 곳 찾아내라고. 갑작스럽게 혜민스님 이야기를 꺼낸 건 순전히 남쪽 땅끝마을 해남의 '미황사' 때문이다 혜민스님이 마음의 요동이 클 때 습관처럼 찾는 케렌시아다.

해남 땅끝마을의 상징 미황사, 두말 필요 없는 전남 해남의 땅끝마을에 있다. 땅끝이라는 단어에 갇혀버린 여행객은 이곳 동쪽에 자리 잡은 달마산을 그냥 지나치기 십상이다. 달마산의 의미를 곱씹으면 더 끌린다. 한반도의 산줄기가 바다로 떨어지기 직전 마지막으로 솟아오른 봉우리, 그 속에 둥지를 트고 있는 절이 글자 그대로 '아름다운' 천년 고찰 미황사다.

혜민스님처럼 나 역시 힐링 여행지 1순위로 꼽는 곳이 땅끝 미황사다. 이유가 있다. 새벽안개가 걷히면 드러나는 흰빛의 수직 암봉 풍광 때문만이 아니다. 그 힘들다는 3,000배, 이곳에서는 딱 3초 만에 이룰 수 있다. 어떻게? 미황사 대웅보전에는 천불 벽화가 있다. 1,000개의 불상, 그러니 딱 절 세 번만 하면 3,000배다. 혜민스님이 이곳을 찾는 이유는 당연히 초고속 3,000배 때문은 아닐 터다.

미황사는 묘한 창건 설화가 전해진다. 신라 경덕왕 때인 749년 어느 날 돌로 만든 배가 달마산 아래 포구에 닿는다. 배 안에서 범패 소리가

미황사 대웅보전

들려 어부가 살피려 다가갔지만 배는 번번이 멀어져 간다. 이 말을 들은
의조화상이 스님들과 동네 사람 100여 명을 이끌고 포구로 나간다. 그러
자 배가 바닷가에 닿는다. 배 안에는 화엄경 80권, 법화경 7권, 비로자나
불, 문수보살, 40성중, 16나한, 그리고 탱화, 금환, 검은 돌이 실려 있었다.
이내 마을 사람들이 불상과 경전 둘 곳을 의논하기 시작한다. 이때 검은
돌이 갈라지며 그 안에서 검은 소 한 마리가 뜬금없이 튀어나왔고 순시
간에 소는 거대하게 자라난다.

　　그날 밤 의조화상이 꿈을 꾼다. 꿈 속 금인이 '나는 본래 우전국(인도)의
왕이다. 여러 나라를 다니며 부처님 모실 곳을 구하고 있다. 이곳에 이르
러 달마산 꼭대기를 바라보니 1만 불이 나타남으로 여기 부처님을 모시

145

미황사 명상 체험

려 한다. 소에 경전과 불상을 싣고 가다 소가 누웠다가 일어나지 않거든 그 자리에 모시도록 하라'고 말을 한다. 의조화상은 금인이 지시한 대로 행한다. 소를 앞세우고 가는데, 소가 한 번 땅바닥에 눕더니 일어났고 산골짜기에 이르러 이내 쓰러져 일어나지 않았다.

의조화상은 소가 처음 누운 자리에 '통교사'를 짓고 마지막 머문 자리에는 미황사를 창건한다. 미황사의 '미'는 소의 울음소리가 하도 영롱해 따온 것, '황'은 금인의 황금색에서 따와 붙였다고 한다.

미황사는 절 아래 마을 서정리에서, 그것도 봄에 올려다봐야 제맛이다. 짙은 녹음을 발산하는 동백과 소나무 숲, 그 사이로 대웅보전의 잿빛 지붕이 한 점 구름처럼 둥실 떠 있다. 사실 자신을 찾아가는 여행에 땅끝

만한 곳도 없다. 그곳에 있는 산사에서 템플스테이라면 그야말로 일거
양득일 터다. 그러니 이곳에는 1년 내내 템플스테이족들이 몰린다.

이곳에서는 차담만큼이나 인기 있는 게 원족이다. 원족은 트레킹과 엇
비슷한 의미다. 제법 먼 길을 걸으며 자신을 찾는 과정이다. 이곳 원족 코
스는 발군이다. 부도전 옆으로 1,200년 전 전설 속으로 슬며시 빠져들 수
있는 천년 포구길이 있어서다. 아예 이 길을 걷기 위해 이곳 템플스테이
를 신청하는 열혈 트레킹족도 있다.

부도전에서 사자포구까지 11.5km를 가는 천년 포구길은 우리 전통의
리듬이 깔린 길이다. 느릿느릿 중모리 리듬이 이어지는가 하면 자진모

미황사 전경

리, 휘모리로 빨라진다. 그러다 다시 중모리 리듬으로 슬금슬금 느려진다. 그 엇박의 리듬을 따라 문화, 역사, 맛이 흐른다.

이곳의 명상 포인트는 너덜 지대다. 원족 때는 꼭 참선을 하고 가는 곳이다. 여기서 쉬엄쉬엄 1시간 정도를 더 가면 40년 전 조림한 측백나무 숲길이 나온다. 미황사 스님들은 이곳을 '다르마 로드'라고 말한다. '깨달음의 길', '마음 수행의 길'이라는 의미다.

이곳 템플스테이는 격식이 없다. 물 흐르듯, 바람 가듯 그저 흘러간다. 시간도 짜여 있지 않다. 하루를 머물러도, 한 달을 머물러도 된다. 다만 미황사는 현재 사찰의 내부적인 사정으로 템플스테이 프로그램을 운영하지 않고 있다.

굳이 템플스테이 프로그램이 아니라도 좋다. 이곳은 또 다른 시작을 꿈꿔야 하는 땅끝이니까 말이다.

📍 전라남도 해남군 송지면 미황사길 164
📞 061)533-3521
🏠 mihwangsa.org

법정스님의 흔적이 남아 있는
도심 속 사찰

길상사

──── TEMPLESTAY ────

길상사 전경

"의자 이름을 지어둔 게 있어. 빠삐용 의자야. 빠삐용이 절해고도에 갇힌 건 인생을 낭비한 죄였거든. 이 의자에 앉아 나도 인생을 낭비하고 있지는 않은지 생각해보는 거야." 무소유의 설파자 법정스님, 소박한 의자 하나에도 그는 의미를 심는다. 인생을 낭비한 죄만큼은 경계하자고 늘 입버릇처럼 말씀하신 법정의 흔적이 깊게 밴 절이 바로 '길상사'다.

서울시 성북동 중턱, 서울 시내가 한눈에 내려다보이는 명당에 둥지를 튼 길상사의 이름은 '길하고 상서로운 절'이라는 의미다. '묘길상妙吉祥', 곧 문수보살의 별칭에서 인용된 불교 용어며 승보사찰 '송광사'의 옛 이름이기도 하다.

이곳이 특별한 건 더 특별한 역사 때문이다. 길상사의 역사는 불교 용어를 빌리자면 '괴각' 같다. 엉덩이에 뿔난 소처럼 괴팍한 승려를 일컫는 말인데, 이 절이 딱 그 꼴이다. 산사 길상사의 전신은 세속의 극치인 요정 대원각이다. 요정의 주인 고 김영한(1916~1999년, 법명 길상화), 그가 법정스님에게 요정 부지를 시주해 사찰로 탈바꿈하게 된다. 김영한이라는 인물 자체도 괴각 느낌이다. 일제강점기의 시인 백석의 시 〈나와 나타샤와

흰 당나귀)에 등장하는 나타샤로 알려져 있다. 백석은 연인이었던 그녀에게 '자야子夜'라는 애칭을 붙여줬다고 알려져 있다.

사찰로 바뀐 것은 김영한의 집요한 끈질김 덕이다. 첫 시주 요청은 1985년으로, 김영한이 법정스님에게 자신의 재산을 희사해 절을 짓게 해달라는 요청을 한다. 법정은 간곡히 사양 의사를 밝힌다. 이후 김영한은 10년 가까이 법정을 찾아와 끈질기게 부탁을 이어갔다. 결국 스님이 이를 받아들였고 1995년 6월 13일 대한불교조계종 송광사 말사인 '대법사'로 등록하게 된다. 초대 주지로 현문스님이 취임한다. 1997년 맑고 향기롭게 근본 도량 길상사로 이름을 바꿔 재등록됐고 같은 해 2월 14일 청학스님이 초대 주지를 맡게 된다. 김영한의 백석 사랑은 각별했다고 알려져 있다. 평생 백석의 생일인 7월 1일에는 식사를 하지 않았다고 한다.

당시 대원각 재산은 무려 1,000억 원 수준으로, 이후 여러 기자가 그 많은 재산이 아깝지 않느냐는 물음을 던졌는데, 김영한은 '1,000억은 그 사람의 시 한 줄만 못하다'고 밝혔을 정도로 백석을 그리워했다고 한다. 1999년 11월 14일 세상을 떠난 그는 자신의

길상사 김영한 사당

유해를 눈이 오는 날 길상사 경내에 뿌려달라는 유언을 남겼다. 길상사 경내의 길상헌 뒤쪽 언덕에는 김영한의 공덕비가 세워져 있다.

이런 과거사에도 화려함을 떠올린다면 이 또한 오산이다. 길상사는 상상을 깬다. 소박하다. 그저 풋풋하다. 마치 법정의 삶을 옮겨놓은 듯하다. 여느 산사처럼 일주문도 없고 눈을 부릅뜬 사천왕상도 보이지 않는다. 그 흔한 대웅전도 없다.

이 길상사에는 명물이 하나 있다. 관세음보살상이다. 이 보살상은 태생도 묘하다. 세속과 영험함이 섞인 길상사 역사와 닮은꼴이다. 이 상을 만든 이는 조각가 최종태다. 놀랍게도 최 씨는 마리아상으로 이름난 조각가다. 그러니 이 보살은 생김새가 영락없이 마리아상이다. 마리아 얼

길상사 관세음보살상

굴을 한 보살상이라, 여기서 왜 법정스님은 관세음보살상의 조각을 최씨에게 맡겼을까 하는 의문이 풀린다. 이 마리아상은 종교 계파를 떠나자는 상징물이다.

그러니 이 산사는 절이라기보다 안식처다. 꼭 불자가 아니라도 상관없다. 누구든 들어와 큰 나무 그늘에서 땀을 식히기도 하고 함께 온 이들과 도란도란 이야기를 나눌 수 있다.

길상사에는 대중들의 정진 수행 공간인 길상선원과 침묵의 집이 있다. 길상선원은 일반인을 위한 상설 시민선방이다. 물론 방부가 허락된 사람들만 이용할 수 있다. 침묵의 집은 참선은 물론이고 음악을 통한 명상 등을 자유롭게 개인적으로 정진할 수 있는 공간이다. 법정스님이 계셨던 곳으로 유명하며 누구에게나 열려 있다.

이곳의 템플스테이는 늘 열려 있다. 정겹고 부담이 없다. 프로그램도 소박하다. 다도와 발우공양, 영상 법문, 참선, 새벽 예불, 108배, 이완명상, 차담 및 스님과의 대화 시간 등이다. 그런데 이게 놀랍다. 시간이 훌쩍 지난다. 끝나고 나면 뭔가 뿌듯한 느낌도 든다. 연꽃등 만들기, 108염주 만들기, 합장주 만들기, 명상 등을 거치다 보면 어느새 자신이 보인다. 삶이 관조된다. 인생을 낭비한 죄, 스스로 느끼고 싦의 나사못 하니를 조이게 된다. 참으로 좋다.

길상사 사이트에는 길상사를 만든 법정스님 코너가 따로 만들어져 있다. 메인에는 오늘 스님의 말씀이 등장한다. "입만 벌리면 돈타령하면서 꽃이 피었는지 달이 뜨는지 전혀 모르고 사는 사람들이 많다. 사람이 무

길상사 사이트

엇 때문에 사는가? 또 무엇을 위해서 사는가?"《꽃한테 들어라》속 문장이다. 이런 명문들이 등장한다.

길상사 템플스테이는 짜임새가 있다. 테마별로 구성된다. 장소는 길상사 설법전이다. 2024년 눈길을 끌었던 코스가 이벤트성으로 진행된 요가 템플스테이 '도심 속 달빛 선명상'이다. 불교 입문 수강생 과정도 있다. 강도가 센 템플스테이라 보면 된다. 매년 불교 입문 수강생을 모집한다. 불교에 관심 있다면 누구나 참여할 수 있다.

◎ 서울특별시 성북구 선잠로5길 68

📞 02)3672-5945

🏠 www.gilsangsa.or.kr

예약 및 상세 정보

템플스테이 프로그램 정보

당일형 **열려라 참깨명상**

자비명상 이사장 마가스님과 함께하는 명상 체험

- ₩ 성인 1만 원
- ◎ 매월 둘째 주 토요일 14:00~16:00
- 📋 참깨명상
- ◎ 50명(선착순)

일상 속
불교 용어를 아나요?
②

기특
奇特

참으로 기특한 단어다. 어리거나 사회적 지위가 낮은 사람을 귀엽게 보고 칭찬할 때 쓰는 기특, 이것도 불교에서 왔다. 당연히 화자인 말하는 이가 듣는 이보다 서열이 높아야 한다. 예컨대 할아버지가 손주를 일컬어 기특하다고 말할 수 있다. 그런데 묘한 게 있다. 이 단어가 애초에 불가에서 사용될 때는 '부처님이 이 세상에 오신 일', 곧 중생제도의 측은지심을 지니고 무색계의 천상에서 인간계로 내려오신 인류 구원의 사건을 가리키는 것이었다. 참으로 기특한 부처님이셨다.

나락
奈落

이 단어 모르면 진짜 나락이다. 나락은 도저히 벗어날 수 없는 극한 상황을 말한다. 역시나 불교 용어다. 지옥을 달리 부르는 말이다. 범어 'naraka(나라카)'의 발음을 그대로 옮겨 쓴 것인데, 본래는 밑이 없는 구멍을 의미한다. 이게 오늘날 일반 단어로 도저히 벗어날 수 없는 극한 상황을 이르는 말로 바뀌었다. 어려운 곤경에 처했을 때 흔히 '나락에 떨어졌다' 또는 '나락에 빠졌다'고 표현한다.

다반사
茶飯事

일상다반사, 이 말도 불교에서 왔다. 늘 있는 예사로운 일을 의미한다. '항다반(恒茶飯)' 또는 '항다반사(恒茶飯事)'라고도 한다. 본래 불교 용어로는 차를 마시고 밥을 먹는 일을 의미한다. 극히 일반적이고도 당연한 일로서 불교 중에서도 선종에서 유래했다. 참선 수행을 하는 데는 유별난 방법이 있는 게 아니라 차를 마시고 밥을 먹듯이 일상생활이 곧 선으로 연결된다는 것을 상징한다.

✿ 대중
大衆

여러 계층의 많은 사람을 일컫는 말이다. 불교 경전에는 '부처님이 대중에게 이르셨다'거나 '부처님이 기원정사에 계실 때 대중을 위해 설법하셨다'는 말이 자주 나온다. 신도들을 일컬을 때도 사부대중이니 7부중이니 하는 말을 쓴다. 사부대중은 비구, 비구니, 우바새, 우바이 등 출가했거나 출가하지 않은 남녀 신도를 통틀어 이르는 말이다. 대중은 출가 여부에 관계없이 부처님에게 귀의한 신도들을 가리킨다.

✿ 면목
面目

이 단어 모르면 진짜 면목이 없어진다. 이 면목도 불교 용어라니 놀랍다. 흔히 체면이라는 개념이다. 얼굴의 생김새, 즉 용모를 일컫는 말이다. 깨달음의 경지에서 나타나는 마음의 본성, 바로 참모습을 의미한다. 그러니 면목 없다는 말, 이것도 자주 쓰면 안 될 것 같다. 의미를 제대로 알면 자존감이 떨어지는 느낌이 드니까.

✿ 명복
冥福

죽은 뒤 저승에서 받는 복이다. '고인의 명복을 빕니다'라고 흔히 쓴다. 역시나 불교 용어다.

봉인사 경기도 남양주시

갑사 충청남도 공주시

서광사 충청남도 서산시

화엄사 전라남도 구례군

임종 체험부터 템플버거까지!

이색 체험
템플스테이

스티브 잡스도 놀랄
임종 체험 템플스테이

봉인사

───── TEMPLESTAY ─────

奉 / 印 / 寺

"와우Wow", 아이폰으로 세계를 홀린 애플 창업주 스티브 잡스가 죽기 전 병원 침대에 누워 마지막으로 했던 말이다. 도대체 왜, 무엇을 봤길래. 콕 집어 말할 수는 없지만 그 '와우'의 정체를 짐작할 수 있는 템플스테이 코스가 있다. 다름 아닌 임종 체험이다. 미리 죽음을 체험하는 이색 체험으로 뜬 사찰이 있다. 심지어 가깝다. 경기 남양주의 '봉인사'다.

놀라운 체험을 할 수 있는 봉인사의 역사를 잠깐 보고 가자. 정확한 기록은 없다. 《봉선사 본말사지》를 통해 조선 초·중기에 이미 있었던 사찰임을 짐작할 수 있는 정도다. 가장 흥미로운 건 일본과 엮인 애국의 역사다.

구한말 일제강점기 봉인사 불사리탑은 일본으로 강제 반출되고 절도 전소되며 폐사한다. 다시 모습을 갖춘 건 1979년이다. 대한불교 원효종

봉인사 나한상

161

봉인사 불사리탑

의 원로 한길로스님이 폐사된 절을 재건한다. 도량 확장 공사 도중 땅에 묻혀 있던 풍암대사의 비석이 발견되면서 비문에 의해 봉인사 사리탑의 내용이 알려지는데, 이게 충격적이다. 봉인사 불사리탑이 일본 오사카 미술관 정원에 전시돼 있었던 것이다. 당연히 돌려받기 작업을 시작한다. 수년간의 노력 끝에 결실을 맺은 건 1987년이다. 봉인사 불사리탑의 일본 소유주인 이와다 센소가 작고하면서 유언에 따라 탑은 원소장지에 돌아오게 됐다. 구한말 반출됐던 사리탑 일체가 마침내 컴백을 한다. '모든 문화유산은 원위치에 돌려져야 한다'는 유네스코 협약에 따라 민간 차원에서 돌아온 최초의 유물이 된 셈이다.

지금부터는 봉인사 시그니처 템플스테이 이야기다. 힐링족에게 봉인사 템플스테이는 늘 버킷 리스트 1순위로 꼽힌다. 정부가 매년 2회씩 진행하는 '여행가는 달' 행사 때도 '행복 만 원 템플스테이' 리스트에 단골로 오른다.

종류가 다양한 것도 특징이다. 다만 이를 관통하는 큰 줄기는 명상이다. 첫 번째는 멘탈 강화 명상 템플스테이다. 명상, 예불, 마음관찰 글쓰기, 멘탈 코칭 등으로 이뤄지는 1박 2일 코스다. 내면의 세계를 관찰해 자신을 사랑하는 긍정적 성향의 사람으로 이끌어주는 게 강점이다.

힐링의 숲 코스도 강추다. 국립수목원과 함께 힐링 명상을 진행한다. 인근 광릉숲은 550년간 훼손되지 않은 놀라운 천혜의 공간이다. 전 세계적으로 찾아보기 힘든 온대 활엽수 성숙림으로 꼽는다. 이곳 200m 구간의 전나무 숲은 우리나라 3대 전나무 숲길 중 하나다. 피톤치드 가득한 숲에서 고요함을 즐기며 참된 자신을 찾는 명상의 시간이다.

거울명상과 홀로그램명상도 이색적이다. 지루하지 않고 흡인력 있는 명상인데, 효과는 강력하다. 불교의 최고最古 경전 《금강경》과 《원각경》 이론을 활용해 자신감을 증진시키고 정신력을 강화하며 집중력 향상, 동기 유발, 자존감 향상, 공황장애를 벗어나는 데 도움을 준다.

디톡스 참장공 수련도 있다. 참장공 연마를 통해 굳은 내장과 근육을 풀어준다. 열이 뿜어져 나오면서 일정 시간 연공하면 온몸이 땀으로 흠뻑 젖기도 한다. 다이어트에도 효과 만점이다. 비만인 사람은 몸무게가 빠지고 체중이 미달인 사람은 오히려 몸무게가 늘어난다고 알려져 있다.

시그니처 코스가 임

봉인사 명상 체험

봉인사 템플스테이관으로 가는 길

종 체험이다. '메멘토 모리Memento mori(죽음을 기억하라)'의 통찰력을 익힐
수 있는 시간이다. 죽음과 비슷한 상황을 경험한 임사 체험자들은 사망
직전의 사람들처럼 영적 레벨이 평소의 9배가 높아진다고 전해진다. 그
순간 진정한 자신을 만나게 되는 것이다. 메멘토 모리 효과는 놀랍다. 심
리학자들은 죽음을 경험하면 남은 하루하루를 더 농밀하게 진하게 채울
수 있게 된다고 강조한다.

　임종 체험 순서는 이렇게 진행된다. '내가 오늘 바로 죽는다'고 가정하
고 인생 자서전과 부고 일지를 작성한다. 남은 가족들에게 마지막 편지
를 쓰며 지난 삶을 돌아보는 단계다. 이게 장난이 아니다. 촛불 하나 피
어 있는 자그마한 탁자, 그 위에 종이와 볼펜, 그리고 살벌한 수의가 놓여
있다. 부고 일지 내용은 이렇다. '그는 오늘 (　　　　)를 일기로 세상을
떠난다./그의 사망 원인은 (　　　　). 그의 남은 가족은 (　　　　)./그를

아는 사람들은 그를 (   )로 기억할 것이다./그의 죽음을 가장 슬퍼할 사람은 (   )./그가 세상에 남긴 업적은 (   ).' 그리고 마지막 한 줄이 가장 의미심장하다. 그 문장은 자신의 묘비명 작성이다. 인생자서전은 중요한 사건별, 시간별로 작성하면 된다.

다음은 간단한 임종 코칭이다. 죽음 명상 이유에 대한 설명이 대부분이다. '죽음을 통해 삶이 위축되는 게 아니라 오히려 삶을 크게 볼 수 있다. 죽음을 자각하게 되면 순간순간이 기적이라는 것을 알게 된다. 삶이 귀하고 감사해진다'는 게 핵심이다. 그리고 마침내 쪼그라들고 찌질한 자신이 아니라 거대하고 위대한 자신이 숨어 있다는 것을 알게 된다.

세 번째 단계가 하이라이트다. 입관이다. 글자 그대로 관 속에 눕는다. 심지어 수의도 입는다. 압권은 망자처럼 입속에 쌀까지 넣어준다는 것이다. 관 뚜껑도 닫힌다. 쾅쾅, 망치 소리가 들리는 순간 죽음을 직감한다. 사방에서는 상엿소리가 이어진다. 입관 시간도 꽤나 길다. 15분여다. 마지막 관 뚜껑이 열리고 사위가 밝아지면 비로소 새롭게 태어나 느낌이 든다.

봤는가. 스티브 잡스가 '와우'를 외쳤던 그 세계를.

📍 경기도 남양주시 진건읍 사릉로156번길 295

📞 031)528-5585

🏠 www.bonginsa.net

템플스테이 프로그램 정보

체험형 힐링의 숲(광릉수목원)에서 선명상 템플스테이

광릉숲에서 명상을 통해 자연에 대한 깊은 이해와 신체의 조화를 통해 휴식과 균형, 평온함을 갖는 시간

- ⓦ 성인 10만 5,000원, 중고생 5만 5,000원, 초등생 5만 원
- ⊙ 1박 2일
- 🈸 사찰 안내, 예불, 공양, 명상, 산책, 차담, 기공체조 등

체험형 멘탈을 향상하는 선명상 템플스테이

내 마음을 바라보고 관찰하면서 해결책을 찾아가는 마음관찰 명상으로, 내면의 상처들을 명상을 통해 풀어나가는 시간

- ⓦ 성인 10만 5,000원, 중고생 5만 5,000원
- ⊙ 1박 2일
- 🈸 예불, 공양, 명상, 멘탈 코칭, 마음관찰 글쓰기 등

체험형 나를 사랑하는 자비명상 집중 템플스테이

자애명상을 통해 마음챙김과 마음집중을 닦고 걷기명상과 일상 마음챙김으로 지금 이 순간 깨어 있어 몸과 마음을 알아차리고 관찰하는 시간

- ⓦ 성인 10만 5,000원
- ⊙ 1박 2일
- 🈸 예불, 공양, 명상, 차담, 요가 등

체험형 워칭명상 임종 체험과 멘탈 코칭

임종 체험과 상담 명상 코칭을 함께 진행

- ⓦ 성인 15만 원
- ⊙ 1박 2일
- 🈸 공양, 명상, 차담, 임종 체험 등

⊘ 템플스테이와 별개로 당일 체험 가능

`체험형` **스님과의 상담이 있는 명상 템플스테이**

내면의 상처들을 명상과 상담을 통해 풀어나가는 시간

Ⓦ 성인 20만 원, 중고생 15만 원, 초등생 9만 원

⊘ 1박 2일

▤ 예불, 공양, 명상, 체조 등

`체험형` **명상과 멘탈 트레이닝 코칭을 동시에**

국가대표 선수들에게 효과적이었던 멘탈 관리와 가장 강력한 위칭명상, 자애명상을 함께하는 시간

Ⓦ 성인 25만 원

⊘ 1박 2일

▤ 공양, 명상, 멘탈 코칭 등

⊘ 1일 1인 집중 코칭

`체험형` **최고의 몰입을 위한 홀로그램명상**

자신감을 증진시키고 정신력을 강화하며 집중력 향상, 동기 유발, 자존감 향상, 공황장애를 벗어나는 데 도움이 되는 명상 템플스테이

Ⓦ 성인 35만 원

⊘ 1박 2일

▤ 공양, 명상 등

`휴식형`

고요한 산사에서 자연과 함께 쉬면서 편안한 휴식을 통해 갖는 자신만의 시간

Ⓦ 성인 5만 2,000원, 중고생 4만 원, 초등생 3만 5,000원

⊘ 1박 2일~10박 11일(가격 상이)

▤ 사찰 안내, 예불, 공양, 산책, 차담 등

절대 도망 못 간다!
초강력 독방 고독 체험

갑사

——— TEMPLESTAY ———

甲 / 寺

자, 이건 어떤가. 극강의 템플스테이다. 마치 독방 고립을 연상케 한다. 아니다. 고립은 타인의 의지에 의한 것으로, 오롯이 자신을 내려다보기 위해 고독을 신택했다고 보면 된다. 그래서 극강의 초강력 템플스테이다. 심지어 독방형이다. 세상과 단절되는 강렬한 템플스테이로 승부수를 던지는 곳은 바로 계룡산 '갑사'다. 천년 고찰 갑사를 모르는 불자는 없을 것이다. 사찰 이름에 '첫째', '으뜸', '우두머리'를 의미하는 '갑甲'을 썼다는 것만으로도 그 역사를 짐작할 수 있다.

갑사는 놓인 위치도 갑이다. 갑사가 위치한 국립공원 계룡산은 통일신라시대에는 5악 중 서악, 고려시대에는 묘향산 상악과 지리산 하악과 더불어 3악 중 중악으로 일컬어졌던 명산이다. 조선 건국 때 수도 후보에도 올랐던 갑 중 갑 명당이다.

유구한 역사 역시 갑이다. 고구려 아도화상이 신라 최초 사찰인 선산 '도리사'를 창건하고 고구려로 되돌아가던 중 계룡산에서 상서로운 곳을 발견한다. 이때 세운 사찰이 바로 갑사다. 이 시기가 백제 구이신왕 원년인 420년이니 그 역사는 1,000년이 아니라 2,000년 쪽이 더 가까운 셈이다.

당연히 여타 천년 고찰들과 비슷한 연혁을 가지고 있다. 통일신라시대 의상대사가 크게 중건해 화엄 10찰 중 하나로 우뚝 섰으나 조선시대에 들어 전쟁 통(정유재란)에 많은 전각이 사라졌다. 이후 여러 차례 새로 짓고 다시 세우고 고치는 노력을 거쳐 현재의 갑사가 전해지고 있다.

갑사가 배출한 무수한 스님들 중 으뜸은 조선시대 영규대사다. 갑사에서 출가한 영규대사는 서산대사의 직계 제자다. 사찰에서 주석하다 임진왜란이 일어났고 주저함 없이 1,000여 명의 의승군을 일으켜 승병장으로 전장에서 활약했으나 안타깝게도 왜적에 의해 모두 전사했다. 갑사가 호국 불교 도량으로서의 위상을 떨치게 된 것도 영규대사 덕이다.

천년 고찰이라는 격에 맞게 갑사는 중요한 문화유산도 다수 품고 있다. 국보 제298호인 '갑사 삼신불 괘불탱'을 비롯해 보물만 5점을 소유하고 있다. 그야말로 전국 사찰 중 갑으로 손색이 없을 정도다.

당연히 템플스테이 프로그램도 가성비 갑, 다양성 갑, 재미 갑이다. 그중에서도 단연 갑 중 갑은 시설이다. 연간 5,000여 명의 체험족뿐 아니라

갑사 템플스테이

외국인이 꾸준히 찾고 있는 데는 첨단 시설이 한몫을 톡톡히 했다는 평가다. 템플스테이 체험 전용관 시설을 갖춘 몇 안 되는 사찰 중 한 곳이 바로 갑사다.

프로그램 라인업도 화려하니. 세룡산 시락 갑시 주변의 미스트 씨 포인트만 찾아가는 갑사구곡 트레킹 템플스테이뿐만 아니라 매년 겨울에는 공주의 대표적인 향토 음식인 밤을 주제로 한 군밤 축제 템플스테이도 기다린다.

압권은 호국 의승병 템플스테이다. 6월 1일 의병의 날에 맞춰 갑사의 으뜸으로 꼽히는 영규대사의 사적지를 참배하는 코스다. 아예 영규대사를 기리는 '영규대사와 함께하는 템플스테이'도 연다. 충남 공주시 계룡면 월암리에서 태어나 서산대사를 은사로 출가해 갑사에 주석하던 중

1592년 임진왜란이 일어나자 승병 800명을 규합해 임진왜란 최초의 승리인 청주성 탈환을 이끈 주역이다. 이후 금산 전투에서 일본군의 호남 침공을 저지하다 큰 상처를 입고 갑사로 돌아오던 중 인근 월암리에서 열반에 든 그를 기리는 프로그램이다.

하이라이트 템플스테이 쌍포도 꼭 도전해봐야 한다. 그 첫 번째는 갑사 시그니처 프로그램인 추갑사秋甲寺 템플스테이다. 가을 풍경이 으뜸이라는 '추갑'을 내세워 계룡산 자락의 총천연색 풍광에 흠뻑 빠져보는 과정이다. 보통은 단풍 골든 타임인 10월 내내 이뤄진다.

두 번째는 '무문관 템플스테이'다. 이게 흥미롭다. 무문관 템플스테이는 앞에 '온전한 나와의 만남'이라는 수식어가 붙는다. 진행 방식도 독

갑사 가을 단풍

172

갑사 무문관 수행

특하다. 무문관의 시초였던 '천축사'에서부터 지금의 갑사 대자암까지 이어오고 있는 전통 무문관 수행법을 일반인에게 맞게 개발한 것이다. 예컨대 이런 식이다. 보통 2박 3일 일정으로, 입방을 하고 나면 지도법사 스님이 무문관의 문을 잠근다. 자물쇠로 채워진 작은 독방 안에서 홀로 수행하며 참 나를 찾는 코스다. 매회 일반인 8명을 대상으로 진행된다. 철저히 독방 체험을 하는 2박 3일 과정과 더불어 기본 과정으로 무문관 수행법을 쉽게 접하는 코스도 있다. 당연히 무문관 프로그램에는 휴대전 화와 노트북 등의 전자 기기는 절대 반입 불가다. IT 기기 디톡스라고 보 면 된다. 오직 지참할 수 있는 건 아날로그의 대명사인 책뿐이다. 공양은

밥과 반찬 대여섯 가지가 하루에 한 번 아침에만 배식구를 통해 들여보내진다. 그야말로 독방 체험인 셈이다.

인생과 삶이 갑갑하신가, 꽉 막혀 계신가. 그렇다면 볼 것 없다. 갑갑함을 한 방에 날려버리는 갑사다.

📍 충청남도 공주시 계룡면 갑사로 567-3
📞 041)857-8921
🏠 www.gapsa.org

예약 및 상세 정보

템플스테이 프로그램 정보

당일형

단체에서 진행하는 문화 행사의 일환으로, 사찰의 전통문화를 체험하는 시간

- 성인·중고생 3만 원, 초등생 2만 원
- 10:00~15:00
- 공양, 명상, 108여의보주 만들기 등
- 10인 이상 단체 전용

체험형 선요가명상 템플스테이

요가와 명상을 결합한 선요가명상을 통해 심신 치유와 정신 건강을 위한 시간

- 성인 20만 원, 중고생 16만 원
- 2박 3일
- 사찰 안내, 예불, 공양, 명상, 산책, 요가, 108여의보주 만들기 등

무문관 템플스테이

무문관 생활을 통해 정신적 안정과 삶의 방향성 확보 및 목표를 확고히 설정할 수 있게 체험하는 시간

- ⓦ 성인 16만 원
- ⊙ 2박 3일
- 🗐 공양, 수행, 정진 등 수행형 프로그램

휴식형

사찰에서 필요로 하는 가장 기본적인 예절을 지키면서 자유롭게 머무는 시간

- ⓦ 성인 6만 원, 중고생 4만 원, 초등생 3만 원, 미취학 무료
- ⊙ 1박 2일~10박 11일(가격 상이)
- 🗐 자율형 프로그램
- ⊙ 매월 마지막 주 수요일 '문화가 있는 날'은 참가비 30% 할인

휴식형 **자원봉사하며 한 달 살기 템플스테이**

- ⓦ 성인 무료
- ⊙ 1박 2일~2박 3일
- ⊙ 자세한 내용은 전화 문의(041-857-8921)

바둑 두고 도자 빚는
이색 템플스테이

서광사

── TEMPLESTAY ──

瑞 / 光 / 寺

한 수 한 수 피가 튄다. 19개 선과 선, 그 선이 만나는 361개(19×19)의 점, 그 점 하나하나가 살벌한 벼랑 끝이다. 한 수 삐끗하면 그야말로 천 길 낭떠러지행이다. 밀치지 않으면 밀려난다. 쑤욱, 정직하게 상대를 찔러서도 안 된다. 온갖 사술과 암수를 펼쳐야 그나마 승산이 있다. '마지막 20초입니다. 20초, 19초, 18초…' 심장이 뛰기 시작한다. 단박에 목줄을 끊어놓아야 하는 그 한 점이 보인다. 여기다. 전광석화처럼 손을 뻗는다. 딱.

바둑 두는 템플스테이, 어떤가. 사실 바둑이나 종교나 목적은 하나다. 깨달음을 위한 도의 길이라는 것이다. 충남 서산의 천년 고찰로 알려진 '서광사'는 바둑 두는 템플스테이로 정평이 나 있다.

간단히 천년에 얽힌 역사는 2가지 설이 유력하다. 하나는 신라 말기인 경순왕 때 부성군(서산시의 옛 이름) 태수로 부임한 최치원이 수도하기 위

서광사 보살상

서광사 여래보궁

해 부춘산의 상부·중부·하부에 하나씩 암자를 지었는데, 그가 이임한 뒤 그를 따르던 승려가 부처님을 모시는 암자로 고쳐 지었다는 설이다. 또 다른 설은 신라 진흥왕 때 의상대사가 창건한 절이라는 설이다. 둘 다 신라시대부터니 결국 천년 고찰임에는 틀림이 없다.

10년 이상 바둑을 내세운 서광사의 템플스테이 프로그램 이름은 '각수삼매'다. '삼매'는 우주와 하나가 되는, 나도 없고 상대도 없는 집중력

의 절정을 의미한다. 바둑에서도, 명상에서도, 일상에서도 집중력은 필수적인 요소다. 풀자면 깨달음의 한 수를 찾아 우주와 하나가 되는 경지를 경험한다는 의미다. 사고의 굳은 틀에 묶여서는 안 되는 자유로움을 추구한다. 이 프로그램을 만든 건 현 도선스님에 앞서 주지 스님 자리를 맡았던 도신스님이다. 도신 큰스님은 이창호 9단의 첫 프로 스승인 전영선 7단에게 사사했으니 바둑 실력이 보통이 아니셨을 터다.

예전에 2박 3일 코스로 진행됐던 '바둑명상 프로그램'은 10명 이상의 멤버로 진행됐다. 탁본, 공양, 원족 같은 템플스테이 기본 프로그램 사이사이에 각수삼매 예선 리그, 각수삼매 결선 리그 같은 간이 바둑 대회가 포함됐다. 요즘 바둑 템플스테이는 당일치기로 운영된다.

바둑 수련관 시설도 첨단이다. 72명이 한꺼번에 둘 수 있는 공간에 디지털 계시기까지 달려 있다. 공양도

서광사 도자기 체험

181

뷔페식이니 입맛대로 골라 먹으면 된다.

또 하나 서광사가 밀고 있는 프로그램은 도자기 체험이다. 1박 2일 일정인데, 첫날은 자율 수행을 하고 둘째 날 도자기 체험장으로 이동해 마음을 빚는 도자기 체험에 나선다. 공방에는 다양한 처사님이 빚은 도자기들이 전시돼 있어 보는 맛도 있다. 완성된 도자기는 주소를 남기면 유약을 바르고 말린 뒤 집으로 배송까지 해준다.

알파고에게 1승을 거둔 이세돌 9단의 '한 수'를 원하는가. 그렇다면 볼 것 없다. 서산 서광사 템플스테이로 가는 게 '신의 한 수'일 테니.

- 충청남도 서산시 부춘산1로 44
- 041)664-2002
- www.seogwangsa.or.kr

예약 및 상세 정보

템플스테이 프로그램 정보

당일형 깨달음의 한 수를 찾아가는 여행(각수삼매)

바둑에서 필수인 집중력을 키우고 깨달음의 한 수를 찾아 떠나는 시간

- ₩ 미취학 3만 원
- ⊙ 10:30~15:00
- 🗐 사찰 안내, 공양, 차담, 연등 만들기 또는 108배 염주 꿰기, 바둑 두기 등
- ◎ 단체 전용

체험형 **치유와 힐링 템플스테이(쉬어가세요) + 도자기 체험**

인생에서 가장 행복한 날은 바로 오늘, 이미 지나간 일은 슬퍼하지 말고 오지 않은
미래는 근심하지 말 것을 배우는 시간

- ⓦ 성인 7만 원
- 🕑 1박 2일
- 📋 사찰 안내, 예불, 공양, 명상, 산책, 스님과 만남, 도자기 체험 등

체험형 **서산 Tour 템플스테이 + 한과 만들기**

가족, 친구들과 함께 바닷가에 위치한 간월암 구경 뒤 전통 한과 만들기 체험

- ⓦ 성인·중고생 7만 원, 초등생 6만 원, 미취학 4만 원
- 🕑 1박 2일
- 📋 사찰 안내, 예불, 공양, 산책, 간월암 구경, 전통 한과 만들기 등
- ⊘ 12인 이상 단체 전용(인원 부족 시 도자기 체험으로 진행)

휴식형 **깨어 있는 휴식**

모든 걱정과 근심은 내려놓고 나를 찾아 떠나는 시간

- ⓦ 성인 6만 원
- 🕑 1박 2일
- 📋 사찰 안내, 예불, 공양 외 자율형 프로그램

버거킹도 고개 숙인
비건식 템플버거 원조

화엄사

──── TEMPLESTAY ────

華 / 嚴 / 寺

전국 으뜸 '사찰 먹방의 메카'라는 수식어도 아깝지 않다. 도대체 이 사찰이 얼마나 맛집이길래 그럴까? 난리가 났다. 심지어 이 사찰의 공양 음식이 템플김밥과 템플버거로 출시되면서 전 세계 비건 시장을 긴장시키고 있다. 사찰 음식으로 대박을 터트린 놀라운 곳은 천년 고찰 전남 구례 '화엄사'다. 남도 여행 때 빼놓을 수 없는 핫플 화엄사는 두말하면 입이 아픈 곳이다.

544년에 인도 스님 연기조사가 대웅상적광전과 해회당을 짓고 화엄 사를 창건했다는 천년의 역사는 굳이 읊을 필요도 없다. 역사의 모멘텀마다 메인 요리 역할을 한 게 화엄사다. 신라가 삼국 통일을 이룬 뒤에는 의상대사가 화엄사를 화엄종의 원찰로 삼아 머문다. 신라 경덕왕 때 이르러 8가람, 81암자의 대사찰로 도약한다. 남방제일화엄대종찰이라는 명성을 얻은 게 이때다. 각황전 기단, 각황전 앞의 석등과 대석단, 동·서 오층석탑, 그리고 효대라 불리는 사사자 삼층석탑과 석등이 이때 건립된 보물이나.

임진왜란 때는 화엄사의 혜안선사와 벽암선사가 승군을 일으켜 땅을 지키고 자운스님은 이순신 장군을 도와 바다를 지켰다. 설홍대사와 300여 스님이 목숨을 잃고 왜군에 의해 잿더미가 된 화엄사는 1630년경 벽암 선사에 의해 여러 전각이 복원됐다.

가장 주목해야 할 게 이곳 기록의 먹방이다. 미슐랭이 들렀다면 별점 3개는 무더기로 줬을, 한마디로 상상 초월 사찰 맛집이다. 2024년 7월 께다. 화엄사 스님들의 사찰 음식 문화가 냉동 김밥으로 탈바꿈해 전 세계 비건 시장을 겨냥하여 수출 길에 오른 명물이 바로 템플김밥이다. 냉동 김밥 1위 기업 올곧과 손잡고 미국과 유럽 냉동 김밥 시장 진출에 나선 것이다. 올곧은 미국 권역에 냉동 김밥 품절 대란을 일으키며 이른바 K-푸드 흥행을 일으킨 곳이다.

또 하나의 먹방 기록은 템플버거다. 아예 매장까지 등장했다. 사찰식 템플버거로 MZ세대를 홀린 곳은 화엄사 템플버거 매장이다. 장소는 수원 스타필드 바이츠 플레이스(팝업 스토어)다. 오픈 당일 고객이 1시간 이상 대기를 해야 겨우 맛을 봤다는 후기가 줄을 잇는다. 매장에서는 템플버거 2종과 템플핫도그 2종을 선보였다.

화엄사 템플김밥

화엄사 템플버거

　역시나 비건을 겨냥한 버거다. 순 식물성 성분으로 만들어진 패티와 소스, 소시지, 쌀 번으로 구성돼 채식주의자뿐 아니라 일반인과 스님도 안심하고 먹을 수 있는 사연주의 건강식품으로 평가받는다. 순 식물성 재료를 사용했는데, 맛 점수는 5점 만점에 5점급이다. 수제 버거 못지않은 맛과 풍미라는 게 한결같은 반응이다. 전 세계 젊은이들에게 생명 존중 사상을 전파하겠다는 주지 덕문스님의 뜻이 배어 있으니 더 의미가 깊다.

　사찰 공양이 역대급이니 템플스테이 맛도 일품일 터다. 화엄사 템플스테이는 글자 그대로 맛깔스럽다. 대표적인 게 디지털 디톡스 프로그램이다. 비정기적으로 열리는데, 아날로그적인 사찰의 매력에 해묵은 디지털 때를 싹 벗겨낼 수 있다. 국가가 준비한 '여행주간'이나 다양한 이벤트 기간에 적극 참여하는 것도 배려의 정신이다.

텝플스테이만큼 인기를 끄는 게 '산사의 밥상' 프로그램이다. 세계로 진출한 비건 스타일 화엄사 레시피 30여 가지를 한꺼번에 배울 수 있는 기회다. 40여 명을 매회 모집하는데, 선착순이다. 자비를 음식 속에 담는다는 사찰 음식의 정수를 깨칠 수 있다.

연례행사로 열리는 사찰 당일 프로그램은 빠지면 섭섭한 조미료처럼 톡톡 튄다. '모기장 음악회'와 '모기장 영화제'는 오픈 런을 해야 할 라인업이다. 모기장 음악회와 영화제에는 모기장 제공이 매력이다. 물론 무릎

담요와 개인용 컵은 직접 챙겨 와야 하지만 호응이 뜨겁다. 천재 음악가 모차르트의 이야기를 담은 영화 〈아마데우스〉, 청력을 잃고도 음악사의 영웅이 된 베토벤의 음악과 사랑을 다룬 〈불멸의 연인〉, 절체절명의 상황에서 목숨을 걸고 연주했던 연주자의 실화를 바탕으로 한 〈피아니스트〉 속 명곡을 모기장 속에서 다시 만나는 건 기본이다. 아울러 기타리스트뿐 아니라 해금 등 국내 국악계의 거성들도 참여하니 감동이 2배다.

　이곳은 심지어 피는 꽃들도 맛깔스럽다. 화엄사에는 매화도 그냥 매화 따위는 피지 않는다. 놀랍게 매화 중 으뜸으로 치는 흑매가 압권이다. 화엄사 흑매는 조선 숙종 때 각황전 중건을 기념하고자 계파스님이 심었

화엄사 모기장 영화 음악회

다고 전한다. 그 빛깔이 여느 홍매보다 유독 짙어 흑매라 불린다. 꽃이 검붉어 흑매지만 실은 홍매다. 각황전 역사와 함께 흘러온 흑매는 화엄사의 상징이자 봄의 전령으로 널리 알려져 있는데, 이게 놀랍게도 국대급이다. 경내 흑매뿐 아니라 길성암 앞 들매화(야매)를 함께 아예 천연기념물로 지정하고 있다. 천연기념물로 지정된 4대 매화(순천 선암사 선암매, 강릉 오죽헌 율곡매, 구례 화엄사 화엄매, 장성 백양사 고불매) 중 검붉은 꽃은 화엄사 화엄매뿐이다. 사찰에서는 매년 홍매·들매화 사진전을 연다.

그러고 보니 매화의 꽃말이 '맑은 마음'이다. 화엄사, 맑은 마음을 찾을 분들은 필히 방문해볼 것.

◎ **전라남도 구례군 마산면 화엄사로 539**

📞 **061)782-7600**

🏠 **www.hwaeomsa.or.kr**

예약 및 상세 정보

템플스테이 프로그램 정보

체험형 **오늘, 나에게 주는 선물**

자신의 소중함을 깨닫고 가치 있는 사람이 되길 바라며 수행하는 시간

🅦 성인 5만 원, 중고생 4만 원, 초등생 3만 원

🕐 1박 2일

🗐 사찰 안내, 예불, 공양, 포행, 사물 연주, 차담 등

휴식형 **쉬고 또 쉬고**

일상에서 벗어나 자연 속에서 몸과 마음을 편안히 쉬는 완전 휴식형 템플스테이

- ⓦ 성인 5만 원, 중고생 4만 원, 초등생 3만 원
- ◎ 1박 2일~3박 4일(가격 상이)
- 🗐 사찰 안내, 공양 외 자율형 프로그램

[화엄사 시그니처 프로그램] 산사의 밥상

템플스테이만큼 흥미로운 사찰 음식 강의 프로그램이다. 조화를 통한 자비를 음식 속에 담아낸다는 게 목표다. 30여 가지의 사찰 음식 레시피를 배운다. 여러 재료를 조화롭게 자비로운 마음으로 담아내는 요리 수행을 체험할 수 있다.

- 일정 ┃ 봄 학기(2~3월 사이)와 가을 학기(8~9월 사이)
- 시간 ┃ 매주 월요일 13:00~15:00, 총 10강
- 강사 ┃ 마하연보살님
- 장소 ┃ 화엄사 사찰 음식 체험관
- 인원 ┃ 45~50인(선착순)
- 문의 ┃ 010-3639-9662

CHAPTER

6

촬영 명소를 아나요?

촬영 핫플
템플스테이

넷플릭스
〈더 글로리〉 촬영지

용화사

── **TEMPLESTAY** ──

龍 / 華 / 寺

넷플릭스 드라마 〈더 글로리〉 촬영지에서의 템플스테이라면 어떤가. 볼 것 없다. 팬이라면 응당 달려가야 할 사찰인 충북 청주 '용화사'다.

드라마 장면은 이렇다. 최혜정 (차주영 분)이 예비 시어머니를 만

용화사 처마 단청

나던 중 문동은(송혜교 분)을 보고 깜짝 놀라면서 절간 뒤로 가 무릎까지 꿇으며 학창 시절 잘못을 사과한다. 용화사라는 공간이 드라마에서야 학폭에 대한 단죄가 이뤄지는 냉혹한 공간으로 사용됐지만 실제 용화사 는 따스하다. 특히 봄날은 골든 타임이다. 청주 벚꽃 축제의 마지막 코스 기도 한 용화사는 칠불문화제, 사찰 음식 시연 등 문화 휴식 핫플로 유명 세를 타고 있다.

연상에 드라마 촬영 현장의 모습은 물론 없다. 세트장을 따로 구성한 탓이다. 하지만 여전히 드라마 촬영지라는 현수막은 붙어 있다. K-드라 마에 열광하는 외국인 방문객이 많은 까닭이다.

용화사는 청주 도심 한복판에 있지만 청주를 남북으로 가르는 무심천 서쪽에 있다. 불교의 이상향인 서방정토를 연상케 한다.

〈더 글로리〉 덕에 떴지만 역사도 깊다. 신라 선덕여왕 때로 창건 설화 가 이어지는 천년 고찰이다. 미륵불 7본존을 중심으로 70칸 규모의 사찰 로 창건돼 신라 화랑의 심신 단련과 군사의 충성을 맹세하는 도량으로

활용됐다는 설도 있다. 용화사의 사적(1933년 10월에 기록한 법당 상량문)에 의하면 1902년 3월 14일 고종의 후궁인 엄비의 명에 의해 청주 지주 이희복이 창건했다고 전해진다.

이곳 최고의 명물이 7구의 석조불상군이다. 미륵월탄대종사가 중창한 뒤 용화보전을 건립해 일곱 부처를 모셨다고 한다. 조각의 우수성과 중요성을 인정받아 보물 제985호로 지정돼 있다. 여기서 잠깐, 흥미로운 비밀 하나가 있다. 용화사 부처가 일곱으로 알려져 있는데, 실제로는 여덟 분이라는 것이다. 비밀은 석불 뒷면에 있다. 삼불전 불상 중 한 분의 등에 새겨진 나한상이 여덟 번째 부처다. 법당 안 뒤편도 꼭 둘러봐야 한다. 이곳에 초대형 부조 조각품이 있다. 무려 3m나 되는 초대형 부조 작

용화사 템플스테이 체험관

품이다.

　이곳 템플스테이는 만족도 면에서 전국 으뜸이다. 재방문 의사가 그만큼 높다는 의미다. 명상을 특화한 게 주효했다는 평가다. 2020년에는 템플스테이 전용 체험관까지 완공돼 시설 면에서도 전국 원 톱이다.

　그렇다면 용화사 템플스테이는 왜 만족도가 높을까? 차를 테마로 한 명상 덕이다. 당일형뿐 아니라 1박 2일 동안 체험하는 프로그램 역시 차담을 나누며 인생의 의미를 찾는 프로그램으로 진행된다. 직장인과 단체를 위한 당일치기 '긍정자각 힐링 캠프'도 있다.

　공통점은 차담, 그리고 의미 찾기다. 이게 사실 《빅터 프랭클의 죽음의 수용소에서》라는 명저를 남긴 빅터 프랭클이 주창한 라이프 스캔 명상과 일맥상통한다. 빅터 프랭클은 아우슈비츠 수용소에서 살아남은 유대인 심리학자다. 라이프 스캔은 그가 창시한 '의미 치료'에 기반을 둔다. 핵심은 이렇다. 아무리 극심한 고통 속에 있더라도 거기서 의미를 찾아낼 수만 있다면 반드시 이겨낼 수 있다는 것이다. 수감자가 수없이 죽어나갔지만 나름 의미를 찾은 이들은 생존을 한 것에 착안한 셈이다. 의미에 대한 의지는 인간의 본능이다. 숨을 거두는 순간까지 의미를 찾는 것이 인간만의 특징이자 숙명이다. 놀랍게 의미를 찾은 프랭클은 그 힘든 수용소 생활을 겪고 난 뒤에도 92세까지 장수한다. '재미없다', '의미 없다'를 입에 달고 사는 현대인에게는 무조건 경험해봐야 할 템플스테이인 셈이다.

　차담을 나누며 의미를 찾아주는 방식도 직관적이다. 아예 산통을 가져와 제비뽑기 형태로 경구를 나눠준다. 막대기를 뽑으면 그 번호에 해당하는 글귀를 볼 수 있다. 대부분 인생의 의미에 대한 명언들이다. "세상을 변화시키고 싶은가. 그렇다면 당신의 사고부터 변화시켜라" 같은 것들이다.

부처님의 큰 가르침 중 하나는 세상이 공空하다는 것이다. 그저 텅 비어 있는 삶, 그러니 비어 있는 세상과 마음 안에 굳이 부정적인 생각과 무

참가자 소감문

의미를 채울 필요가 없는 법이다. 긍정과 의미를 채우면 비어 있는 인생에 의미가 가득 차게 되는 법이다. 무릇 마음이 지옥이다. 불평과 불만을 채우면 세상이 불편하지만 긍정과 즐거움, 의미를 채우면 그리 편해지고 '글로리'해 지는 게 인생이다.

📍 충청북도 청주시 서원구 무심서로 565

📞 043)275-0516

🏠 www.yonghwasa.com

예약 및 상세 정보

템플스테이 프로그램 정보

당일형 긍정자각 힐링 캠프

전통문화와 명상 수행의 원리를 현대적이고 실용적인 방식으로 활용해 지친 심신을 치유하고 긍정의 기운이 일어나게 하는 힐링 템플스테이

- ₩ 성인 4만 원
- 🕐 10:00~16:00
- 📋 사찰 안내, 공양, 명상, 사물 체험, 기체조 등
- ✅ 40인 이하 단체 전용

낭일형 다징다김

짧은 시간 틈을 내 한국의 불교문화를 체험할 수 있는 시간

- ₩ 성인·중고생 2만 원, 초등생·미취학 1만 원
- 🕐 13:00~16:00
- 📋 사찰 안내, 명상, 차담 등

당일형 **차와 함께하는 선명상스테이**

차와 함께하는 마음 공부

- Ⓦ 성인 3만 원
- Ⓣ 낮 반(13:30~15:00)과 저녁 반(19:00~20:30) 중 선택
- Ⓔ 기초 차명상 실습 및 차담명상

체험형 **다정다감 힐링스테이**

힘들고 지친 일상에서 벗어나 여유 있게 자신을 돌아보며 편안히 쉴 수 있는 시간

- Ⓦ 성인 6만 원, 중고생 5만 원, 초등생 4만 원
- Ⓣ 1박 2일
- Ⓔ 사찰 안내, 예불, 공양, 명상, 산책, 타종 체험, 108배 염주 만들기 등

휴식형 **나를 위한 휴식**

일상에서 벗어나 자연과 호흡하고 참선과 예불 등을 통해 삶의 에너지를 충전하는 시간

- Ⓦ 성인 10만 원, 중고생 8만 원, 초등생·미취학 6만 원
- Ⓣ 2박 3일
- Ⓔ 사찰 안내, 공양 외 자율형 프로그램

어린 왕자
템플스테이를 아나요?

대원사 |보성|

— TEMPLESTAY —

大 / 原 / 寺

말도 안 된다. 생텍쥐페리의 《어린 왕자》를 품은 템플스테이가 있다. 지리산 자락의 송차松茶 명가인 '대원사'다.

차로 유명한 보성에서 대원사로 향하는 도로변은 무조건 봄날이 골든 타임이다. 봄이면 10리 벚꽃이 활짝 피어 상춘객들을 부른다는 '한국의 아름다운 길'에 선정된 길이다. 주암호에서 사찰로 가는 산길도 끝내준 다. 6km 계곡을 끼고 가는 길은 어머니의 모태와도 같은 모습이다.

대원사 입구는 좌측부터 봐야 한다. 하얀 몸체를 드리우며 서 있는 수미광명탑과 티벳박물관이 절을 찾는 이들을 반긴다. 특히 조경이 시그니 처다. 대원사는 우리 몸의 7개 차크라(범어로 '바퀴', '순환'이라는 뜻이다. 인체의 여러 곳에 존재하는 정신적 힘의 중심점을 이르는 말이다. 정수리와 척추를 따라 존재하는 7개가 명상과 신체 수련에서 중요시된다)를 상징하는 7개의 연못인 칠지 가람을 만들어 연꽃 생태 공원, 수생식물, 자연 학습장으로 가꾸고 있다. 백련, 홍련, 황련 등 연꽃과 세계 각국에서 수집한 108종의 수련, 50여 종의 수생식물이 진한 향기를 뿜어낸다.

창건 설화 역시 흥미롭다. 대원사는 503년 신라에 처음 불교를 전한 아도화상이 창건한 사찰이다. 경북 선산군 모레네 집에 숨어 살면서 불법을 전파하던 아도화상의 꿈속에 봉황이 나타나 말한다. "아도! 아도!

대원사 표지판

사람들이 오늘 밤 너를 죽이고자 칼을 들고 오는데, 어찌 편안히 누워 있느냐. 어서 일어나거라."

'아도! 아도!' 하는 봉황의 소리에 깜짝 놀라 눈을 떴는데, 마침 창밖에 봉황이 날갯짓하는 것을 보게 된다. 봉황의 인도를 받아 광주 무등산 봉황대까지 오니 그곳에서 봉황이 사라져 보이지 않게 됐다고 한다. 꿈속 봉황의 인도로 목숨을 구한 아도화상은 세 달 동안 머물 곳을 찾아 호남의 산을 헤맨다. 마침내 하늘의 봉황이 알을 품고 있는 형상의 봉소형국을 찾아낸 뒤 산 이름을 천봉산이라 칭하고 내원사를 창건했다고 한다. 대원사를 품고 있는 천봉산은 높이 609m로 보성, 화순, 순천의 경계를 이룬다.

창건된 지 약 1,500년이 넘는 천년 고찰 대원사는 아픈 역사를 품고 있다. 여순사건 때 불탔기 때문이다. 불행 중 다행인 것은 극락전이 살아남았다는 사실이다. 대원사 극락전은 1766년에 건립됐다. 여순사건으로 대원사가 불탈 때 문짝만 타고 보존된 성보문화유산인 것이다. 지금은 전라남도 유형문화유산 제87호로 지정돼 있다.

내부에는 조선 중기에 조성된 아미타삼존불이 봉안돼 있다. 양측 벽면의 달마대사도와 백의관음보살도는 우리나라 사찰 벽화 중 최고작으로 평가받는다.

대원사에는 사찰 속에서 나오리라고 상상할 수 없는 2개의 포인트가 있다. 하나는 티벳박물관이다. 한국의 작은 티베트라 불리는 티벳박물관이 이곳에 있다. 청전스님과 함께 인도를 여행하던 현장스님은 북인도 라다크에서 한 달간 침묵안거 중인 달라이라마 성하를 친견하고 티베트 불교와 인연을 맺게 된다.

이게 인연이다. 티베트 불교를 한국에 소개하는 법회를 100회 이상 열었고 대원사 주지를 하면서 2001년 티벳박물관을 개관한다. 티벳박물관은 티베트 미술품 1,000여 점과 인도를 비롯해 네팔, 부탄, 중국 등의 유물 3,000여 점을 소장하고 있다.

대원사 티벳박물관 내부

두 번째 포인트가 놀랍다. 어린 왕자 禪선문학관이다. 티벳박물관을 돌아 50m쯤 올라가면 된다. 선재동자(화엄경 입법계품에 등장하는 구도보살)가 53 선 지식을 찾아가듯 어린 왕자는 6개의 별을 찾아 육도윤회의 세계로 여행을 떠난다. 어린 왕자는 6개의 별에 사는 사람들에게서 교만, 허영, 나태, 무지, 욕망, 위선을 보고 일곱 번째 별인 지구에 온다.

사막에서 만나는 게 여우스승이다. 여기서 최고의 지혜를 얻고 고향별로 돌아간다. 어린 왕자 스토리는《화엄경》입법계품에 나오는 선재동자가 53선 지식을 찾아 떠나는 구도여행과 놀랍게도 맥을 같이한다.

대원사 템플스테이의 테마는 크게 3가지다. 하나가 그 유명한 보성 차다. 차는 그 자체로 디톡스다. 혈액순환을 돕고 기력을 보완해주는 힐링 차로 입소문을 타면서 아예 차를 마시러 이곳을 찾는 이노 많니. 그래서 대원사 템플스테이에는 치기 삐지지 않는다. 스님과 차담을 나누며 차 한 잔씩을 머금다 보면 몸에 쌓인 피로도, 마음에 맺힌 스트레스도 절로 디톡스가 된다. 보성 차와 함께하는 템플스테이는 1박 2일 체험형 '나를 보게 하소서' 코스디. 차로 디톡스를 하며 자신을 돌아보는 경험을 하게 된다. '차 한 잔의 행복'이라는 휴식형 프로그램도 있다. 가볍게 차 한 잔이 디톡스로 이어진다.

또 하나는 어린 왕자 템플스테이다. 템플스테이를 선택한 학생이나 일반인을 초대해 어린 왕자와 함께 구도여행을 하는 곳, 어린 왕자 禪문학

관을 핵심 코스로 삼는다. 당일형으로 1만 원에 어린 왕자의 통찰을 얻어갈 수 있다.

티벳박물관도 빠질 수 없다. 당일형을 선택하면 중식 공양 뒤 스님과의 차담을 나누고 박물관을 둘러본다.

《어린 왕자》에는 이런 문장이 나온다. "가령 네가 오후 4시에 온다면 나는 오후 3시부터 행복해질 거야. 시간이 지날수록 난 더 행복해지겠지. 4시가 되면 난 설레고 안절부절 못 할 거야. 그러면서 행복의 가치를 알게 되는 거지." 대원사 템플스테이가 그렇다. 예약해놓고 보면 도착하기 1시간 전부터 행복해지기 시작한다. 체험하고 나면 비로소 행복의 가치를 알게 된다.

◎ 전라남도 보성군 문덕면 죽산길 506-8
📞 061)853-1755
🏠 www.daewonsa.or.kr

예약 및 상세 정보

템플스테이 프로그램 정보

당일형

ⓦ 성인·중고생·초등생 1만 원
◎ 10:00~16:00
🏢 공양, 마법학교와 어린 왕자 체험 등

당일형 대원사 체험과 티벳박물관 관람

- ⓦ 성인·중고생·초등생 3만 원
- ⏱ 10:00~15:00
- 🗐 사찰 안내, 공양, 차담, 티벳박물관 관람 등

체험형 나를 보게 하소서

보성의 차와 함께 몸과 마음의 조화를 찾아가는 건강한 삶을 찾는 시간

- ⓦ 성인·중고생·초등생 7만 원, 미취학 무료
- ⏱ 1박 2일
- 🗐 사찰 안내, 예불, 공양, 차담, 명상, 싱잉볼 체험, 티벳박물관 관람 등

휴식형 차 한 잔의 행복

차 한 잔의 평화로움을 느끼고 조용한 산사에서 부담 없이 잠시 쉬었다 가는 시간

- ⓦ 성인·중고생·초등생 5만 원
- ⏱ 1박 2일~10박 11일(가격 상이)
- 🗐 사찰 안내, 예불, 공양 외 자율형 프로그램
- ⏱ 1개월 장기형 프로그램 신청 가능(7~10일 단위로 기간 연장)

외국인이 가장 많이 찾는
선무도의 사찰

골굴사

──── TEMPLESTAY ────

骨 / 窟 / 寺

기가 막힌다. 한국판 소림사다. 사찰에서 쿵후 대신 불교 전통의 선무도를 익히는 템플스테이라면 어떤가. 무술 하나로 전국 템플스테이를 올킬시킨 곳이 있다. 천년 고도 경북 경주 '골굴사'다. 최근에는 KBS〈살림하는 남자들 시즌2〉에 등장한 박서진 남매가 선무도 수련을 통해 자신을 발견한 놀라운 사찰이기도 하다.

골굴사가 둥지를 튼 곳은 경주 함월산이다. 달을 머금은 산 함월산은 높이가 584m다. 남쪽은 추령을 지나 토함산, 북쪽은 운제산까지 이어진다. 골굴사는 사찰 자체가 명물이다. 튀는 사찰을 좋아하는 사찰 러버들 사이에서는 버킷 리스트 1순위로 꼽힌다. 선무도의 총본산이면서 한국의 소림사, 이게 골굴사를 함축하는 수식어다. 그야말로 압권이다.

역사를 보면 입이 떡 벌어질 정도다. 1,500여 년 전 인도에서 온 광유

선인 일행이 함월산에 정착하면서 골굴사와 '기림사'를 창건한다. 골굴
사는 광유스님 일행이 인도 사찰 양식을 본떠 석굴 형태로 사원을 조성
했다. 국내에서 가장 오래된 석굴사원이다.

　함월산 기슭 골굴암에는 수십 미터 높이의 거대한 응회암을 품고 12개
의 석굴이 포진해 있다. 암벽 가장 높은 곳 석굴에 자리 잡고 있는 불상이
그 유명한 돋을새김 조각의 마애 불상이다. 높이 4m, 폭 2.2m짜리 이 불
상은 보물 제581호로 지정돼 있다. 법당굴은 외형이 독특하다. 굴 앞면
은 벽을 쌓고 기와를 얹어 마치 집처럼 보인다. 안으로 들어서면 입이 쩍
벌어진다. 천장도 벽도 모두 돌로 된 석굴이다.

　법당굴을 포함한 12개 석굴은 크기도 제각각이다. 한 사람이 겨우 들어

골굴사 선무도 수련

앉을 수 있는 것부터 서너 명이 들어
앉아도 넉넉한 큰 것에 이르기까지 천
차만별이다. 더 인상적인 건 석굴 안
에 모셔둔 불상이다. 앙증맞은 동자승
부터 위엄 넘치는 노스님 불상까지 여
러 형태의 불상들이 들어서 있다.

특이한 사찰만 해도 놀라운데, 이
곳 템플스테이 프로그램은 장난 아
니다. 수백 년에 걸쳐 승가에 비밀리
에 전해진 선무도에 기반해 명상, 무
술, 수련을 테마로 한 템플스테이 프
로그램이 진행된다. 선무도의 기원은
신라시대로 알려져 있다. 불교는 액

골굴사 감포 해변 수련

티브하다. 외세의 침입에 대항해 승병을 꾸릴 때를 대비해 승가에서 수
련한 수행법이 선무도다.

시그니처 선무도와 사찰 체험 프로그램은 디폴트다. 달을 품었다는 함
월신 드레킹과 명상이 주 테마로 이뤄진 체험형 템플스테이도 있다. 아
예 이곳에 장기로 머물며 장기 휴식형 템플스테이를 통해 정신과 몸의
힐링을 얻어가는 이도 많다. 제대로 된 인성을 갖추는 청소년 인성 교육
프로그램과 선무도 청소년 화랑 수련회는 외국인들도 열광한다.

1박 2일 프로그램은 타 사찰과 별반 다를 게 없다. 압권은 2일 차 아침

공양을 끝낸 뒤 진행되는 감포항에서의 해변 수련이다. 수련 장소가 이 일대 핫플이라 더 운치가 있다. 감포항은 화산활동으로 분출한 용암이 냉각 수축해 만들어진 절리가 일품인 대표적 휴양지다. 감포항 방파제 끝에 자리한 송대말등대 인근에서 수련이 진행된다. 송대말등대는 한옥 등대로 거의 유일무이한 곳이어서 SNS 포인트기도 하다.

　템플스테이 말고 여행으로 이곳을 찾는다면 등대 체험 전시관만큼은 꼭 둘러봐야 한다. 1955년 무인 등대로 설치돼 60여 년간 감포 앞바다를 비추던 송대말등대는 문화를 입힌 이색 공간으로 탈바꿈했다. 특히 2025년은 감포항 개항 100주년이다.

　경주 앞바다와 감포항 등대를 주제로 해양 문화의 역사를 현대적으로

송대말등대

해석한 미디어 아트도 자주 선보인다. 무늬만 아트가 아니다. 국내 유일 디지털 미니어 시상식인 2021년 '앤어워드 시상식'에서 그랑프리상을 수 상한 최고의 디지털 콘텐츠를 보유한 내공 있는 장소다.

그리고 다시 선무도 수련으로 이어진다. 해변 수련은 청소부터 진행된 다. 템플스테이식으로 표현하자면 단체 청소, 즉 울력이다. 이후는 수련 이다. 명상과 함께 다양한 동작을 함께한 뒤 바닷물에 몸을 담그는 과정 이 이어진다.

정적인 템플스테이는 싫다고? 그렇다면 볼 것 없다. 경주 골굴사 선무 도 템플스테이에 한번 도전해보라.

📍 **경상북도 경주시 문무대왕면 기림로 101-5**

📞 **054)775-1689**

🏠 **www.golgulsa.com**

예약 및 상세 정보

템플스테이 프로그램 정보

당일형 **나를 위한 하루 동안의 행복 여행**

골굴사의 트레이드마크인 선무도 수련 체험과 다양한 프로그램을 즐길 수 있는 시간

ⓦ 성인·중고생·초등생 5만 원

🕑 12:30~18:30

📋 사찰 안내, 선무도 수련 및 공연 관람, 108배, 국궁, 좌선 등

체험형 **선무도 야외 수련 및 야외 명상**

일상에 지친 몸과 마음을 추스리고 새로운 에너지를 얻는 시간

ⓦ 성인·중고생·초등생 8만 원, 미취학 4만 원

🕑 1박 2일~2박 3일(가격 상이)

📋 사찰 안내, 예불, 공양, 차담, 명상, 선무도 수련 및 공연 관람, 108배, 국궁, 좌선 등

◎ 바닷가 야외 수련 시 1인 1회 1만 원 추가

체험형 **움직이는 선의 숨결**

선무도 수련을 통해 몸과 마음과 호흡의 조화로움을 얻어 행복한 삶의 에너지를 되찾는 시간

ⓦ 성인·중고생·초등생 8만 원, 미취학 4만 원

🕑 1박 2일~2박 3일(가격 상이)

📋 사찰 안내, 예불, 공양, 차담, 명상, 선무도 수련 및 공연 관람, 108배, 국궁, 좌선 등

휴식형 **나에게 주는 선물**

천년 고찰 골굴사의 마애여래 부처님의 미소 아래서 갖는 힐링과 재충전의 시간

- 🆆 성인·중고생·초등생 8만 원, 미취학 4만 원
- 🕐 1박 2일~29박 30일(가격 상이)
- 📋 사찰 안내, 예불, 공양, 차담, 명상, 선무도 수련 및 공연 관람, 108배, 국궁, 좌선 등
- ✅ 체험형 전 일정 자유롭게 선택 가능

〈1박 2일〉 팀이 감탄사 연발한
사과냉면 맛집

용문사 | 예천 |

— TEMPLESTAY —

龍／門／寺

곧 사라질지도 모른다. 그야말로 한정판, 리미티드 에디션이다. 템플스테이까지 모든 게 한정판이라 오픈 런이라도 해야 할 것 같은 여행지는 놀랍게도 경북 예천이라는 곳이다. 예천의 템플스테이 핫플부터 먼저 공개한다. 다름 아닌 '용문사'다.

일단 한정판 템플스테이를 즐기기 전에 예천 한정판 핫플부터 차례로 훑어봐야 한다. 첫 번째 한정판 명소는 놀랍게도 용궁역이다. 용궁이라는 단어에서 짐작하듯 이곳은 국악 〈별주부전〉을 모티브로 한 간이역이다. 예천군은 아예 간이역 일대를 환생 콘셉트의 테마파크로 꾸미고 있다. 간이역 앞 용궁을 지키는 12해신 조각상을 건립해두고 파고라 쉼터와 분수대를 조성해 여행족을 유혹한다.

압권은 간이역 안이다. 카페로 운영하는데, 이곳 명물이 토끼간빵이다. 〈별주부전〉에 등장하는 토끼의 스마트함에 착안해 간과 빵을 연결해 내놓은 이곳의 명물이다. 호두과자와 비슷한 맛인데, 이게 중독성이 있다. 먹다 보면 한 판 다 먹게 되니 주의할 것.

두 번째 한정판 명소는 대한민국 마지막 주막인 삼강주막이다. 예천군 풍양면 삼강리 나루터로 나가면 족히 200년은 넘은 듯 까만 나래를 펼친 회화나무 아래 네모난 토담 초가가 눈에 띈다.

삼강주막

이곳이다. 낙동강 지류 마지막 주막으로 남은 삼강주막이다. 삼강은 내성천과 금천, 낙동강이 합쳐진다 해서 붙여진 이름이다. 이 주막이 지어진 건 1900년 초반으로, 70년간 주막을 지켰던 유옥연 할머니가 2005년 유명을 달리하신 뒤 방치돼오다 새롭게 문을 열었다고 한다. 리뉴얼한 주막 건물 옆에는 예전 그대로의 주막이 고스란히 보존돼 있다.

SNS 최고의 포인트는 옛날 그 주막 안이다. 외상을 주고 막걸리 한 사발을 들이켰던 상인들의 외상 장부가 한쪽 벽면에 그대로 남겨져 있다. 글을 몰랐던 유옥연 할머니가 직접 쇠꼬챙이를 파서 빗금으로 표시를 해둔 것이다. 마지막 주막이라는 입소문을 타면서 요즘은 하루가 멀다 하고 관광객이 찾는다. 매년 이곳에서는 나루터 축제도 열린다. 일일 노동자들이 노역을 위해 바위를 들고 힘을 뽐냈던 들돌 이벤트에 지금도 도전해볼 수 있다.

주 메뉴는 배추전, 묵, 두부다. 그 옛날 주막에 앉아 낙동강 강바람을 안주 삼아 막걸리 한 잔 척 걸친다면? 그 맛이 궁금하다면 직접 먹어보라. 분위기 잡는 방법 하나는 직원을 부를 때 목에 힘 딱 주고 '주모'라고 근엄하게 부르는 것이다.

세 번째 한정판 명소는 회룡포 마을 뿅뿅다리다. 회룡포는 용의 모양처럼 물이 둘러싸고 있는 마을의 모습을 형상화한 것이다. 이 물을 건너 마을을 연결하는 다리를 물이 불면 넘친다고 퐁퐁다리라 불렀는데, 미디어에 '뿅뿅'으로 잘못 알려지는 바람에 지금까지 뿅뿅다리로 불린다. 인근 영주시 문수면 수도리 마을의 외나무다리와 함께 이 땅에 남은 마지

막 외나무다리로 알려져 있다.

한정판 방점을 찍어주는 게 예천 용문사의 템플스테이다. 용문사의 역사는 신라 경문왕 때로 거슬러 간다. 870년 두운선사가 터 좋은 이곳에 창건했다 선해신나. 두운선사는 소백산의 '희방사'를 창건한 신라 말기의 고승으로, 이 절은 고려시대에 더욱 번창해 대가람을 이뤘다고 한다.

용문사 중수기나 《신증동국여지승람》 예천군 산천조에는 "신라 때 고승 두운이 이 산에 들어가서 조막을 짓고 살았는데, 고려 태조가 일찍이 남쪽으로 징벌을 나가는 길에 여기를 지나다 두운의 이름을 듣고 찾아갔다. 동구에 이르러 홀연히 용이 바위 위에 있는 것을 보았다. 그래서 용문산이라 불렀다"라고 기록돼 있다.

재미있는 스토리도 있다. 이 절을 짓는 도중에 나무둥치 사이에서 16냥이나 되는 은병을 캐내 절의 공사비를 충당했다고 한다.

　태조 왕건과도 인연이 깊다. 왕건이 궁예의 휘하에 있을 당시 후백제를 징벌하러 가던 길에 이 절에 군사를 거느리고 와서 머문다. 그때 길목의 바위 위에 용이 앉아 있다 왕건을 반겼는데, 두운선사의 옛일을 생각한 왕건은 뒷날 천하를 평정하면 이곳에 큰 절을 일으키겠다는 맹세를 한다. 이후 왕건은 936년 후삼국을 통일한다. 그 이듬해부터 매년 150석의 쌀을 하사해 용문사를 크게 일으켜준다. 호국 불교의 기풍을 내뿜는 애국의 사찰이기도 하다. 임진왜란 시 승병들의 지휘소로 이용됐던 자운루가 아직도 남아 있다.

　사찰 내 공존하는 유물들도 하나같이 한정판이다. 시그니처가 유일하게 대한민국에 남아 있는 윤장대(보물 제684호)다. 윤장대는 인도의 고승이 대장경을 용궁에 소장했다 고사에 따라 용이 나타난 이곳에 대장전을 짓고 부처님의 힘으로 호국을 축원하기 위해 조성했다고 알려져 있다. 높이가 4.2m, 둘레가 3.15m인 윤장대는 안에 경전을 놓아두고 바깥에 달린 손잡이를 잡고 연자방아를 돌리듯 돌리면 부처님의 법이 사방에 퍼지고 나라의 지세를 고르게 한다는 전설이 있다. 당연히 대한민국 유일한 한정판 보물인 만큼 영험할 터다. 지금은 소원을 비는 명소로 꼽힌다. 난리가 없고 비바람이 순조로워 풍년이 들며 한 바퀴 돌리면 장원급제와 함께 죽음 복을 받는다는 전설이 있다.

　조선 숙종 때 조성된 목각탱(보물 제989호)도 가장 오래된 탱화로 꼽힌다. 상주 '남장사'의 관음전 목각탱의 모본이 됐을 것으로 추정한다.

1684년 대추나무로 조성된 이 탱화는 우리나라에서 가장 오래된 작품이다. 본존불을 중심으로 8대 보살이 중단과 상단에서 에워싸고 그 양옆으로 석가의 2대 제자인 아난과 가섭존자가 있고 그 모두를 사천왕이 떠받드는 모습이다.

하나같이 마지막이고 유일한 보물, 국보와 하룻밤을 보낼 수 있는 템플스테이의 테마는 사찰 음식이다. 예천 용문사는 사찰 음식 특화 사찰로 아예 지정돼 있다. 이곳 리미티드 에디션은 언제 끝날지 모르는, 그래서 하루하루가 마지막인 '사찰 음식 만들기' 무료 체험 템플스테이다. 신선한 제철 채소로 만드는 사찰 김치, 채소볶음, 전, 구이 등을 선보인다.

용문사 맛집 유명세를 타게 만든 주인공은 동원스님이다. 동국대와 '봉은사', 한국불교문화사업단 사찰 음식 체험관

용문사 사찰 음식(위)과 사과냉면(아래)

221

용문사 사찰 음식 체험

등에서 강의하며 사찰 음식으로 부처님 법을 전하신다. 25년쯤 절집에서 음식을 했고 이곳 청안스님과 연이 닿아 둥지를 텄다. 동원스님 시그니처 메뉴가 사과냉면이다. KBS〈1박 2일〉에서 출연자들이 탄성을 지르며 먹었던 바로 그 음식이다.

언제 사라질지 모르는 한정판 사찰 음식 템플스테이라는데, 예천 용문사만큼은 무조건 찍어놔야 할 것 같다.

◎ 경상북도 예천군 용문면 용문사길 285-30
📞 010-5178-4665
🏠 www.yongmunsa.kr

템플스테이 프로그램 정보

당일형 용문사 하루 체험 템플스테이

사찰 관광이나 문화를 짧게 체험할 수 있는 시간

- ⓦ 성인·중고생·초등생 2만 원, 미취학 무료
- ⊚ 10:00~16:00
- ⊟ 사찰 안내, 공양, 차담, 연등 및 염주 만들기 등
- ⊚ 단체 전용

체험형 조용한 산사에서 사찰 음식 만들기

사찰 음식 만들기와 휴식형 프로그램이 결합된 템플스테이

- ⓦ 성인·중고생·초등생 5만 원
- ⊚ 1박 2일
- ⊟ 사찰 안내, 예불, 공양, 명상, 사찰 음식 만들기 등
- ⊚ 조리 도구를 사용해야 하므로 초등 저학년과 미취학 아동은 참여 불가

휴식형 아름다운 휴식

안전하고도 편화로운 자유와 안락한 휴식을 갖는 시간

- ⓦ 성인·중고생·초등생 5만 원, 미취학 무료
- ⊚ 1박 2일~3박 4일(가격 상이)
- ⊟ 사찰 안내, 공양 외 자율형 프로그램

일상 속
불교 용어를 아나요?
3

무진장
無盡藏

이 단어도 무진장 많이 쓴다. 엄청나게 많아 다함이 없는 상태를 말한다. 불교에서는 덕이 광대해 다함이 없음을 나타낸다. 직역하면 '무진(無盡)' 은 다함이 없다는 의미고 '장(藏)'은 창고이므로 합치면 다함이 없는 창 고라는 의미다. 《유마경》 불도품에서는 빈궁한 중생을 돕는 것은 무진장 을 실천하는 것이며 보살은 가난하고 궁한 자들에게 무진장을 나타내 그 들로 하여금 보리심을 생기게 한다고 했다. 그러고 보니 불교에서 나온 일상용어도 무진장 많다.

불가사의
不可思議

이게 불교 용어라니 참으로 불가사의하다. 마음으로 헤아릴 수 없는 오 묘한 이치를 불가사의라고 한다. 본래 불교에서는 말로 표현하거나 마음 으로 생각할 수 없는 오묘한 이치 또는 가르침을 의미한다. 언어로 표현 할 수 없는 놀라운 상태를 일컫기도 한다. 이 단어가 나오는 경전은 《화 엄경》이다. 부처님의 지혜는 허공처럼 끝이 없고 그 법인 몸은 불가사의 하다는 문장이다. 이 경전의 불가사의품에 따르면 부처님에게는 불국토, 청정한 원력, 종성, 출세, 법신, 음성, 지혜, 신력자재, 무애주, 해탈의 10가지 불가사의가 있다고 한다. 부처님의 몸이나 지혜, 가르침은 불가 사의해 중생의 몸으로는 헤아릴 수 없다는 의미다.

사물놀이
四物놀이

국악에서 쓰는 사물놀이라는 단어도 불교식이다. 사물이란 원래 절에서 불교 의식 때 쓰인 법고, 운판, 목어, 범종의 4가지 악기를 가리키던 말이 다. 뒤에 이것들이 북, 징, 목탁, 태평소로 바뀐다. 이것이 다시 북, 징, 장구, 꽹과리의 4가지 민속 타악기로 이어졌다. 지금은 사물놀이라고 하면 이 4종류의 악기로 연주되는 음악과 그 음악에 의한 놀이라고 정의한다.

✿ 살림

'살림살이 좀 나아지셨습니까?' 이때의 살림도 불교에서 왔다. 절의 재산을 관리하는 일 일체를 살림이라고 한다. 《우리말 유래사전》에서는 불교 용어인 '산림(山林)'에서 유래했다고 설명한다. 산림은 절의 재산을 관리하는 일을 말하며 이 말이 절의 재산 관리만이 아니라 일반 여염집 재산을 관리하고 생활을 다잡는 일까지 가리키게 된 것이라고 한다. 절에서 살림을 맡은 스님을 원주라고 부르며 그 책임을 귀하게 여겼다고 한다.

✿ 아비규환
阿鼻叫喚

이 세상에 살아가는 것 자체가 아비규환인 분들도 있을 터다. 차마 눈뜨고 보지 못할 참상이라는 말이다. 아비지옥은 불교에서 말하는 8대 지옥 중 가장 아래에 있는 지옥이다. '잠시도 고통이 쉴 날이 없다' 하여 '무간지옥(無間地獄)'이라고도 한다. 이곳은 5역죄를 범한 자들이 떨어지는 곳이다. 부모를 살해한 자, 부처님 몸에 피를 낸 자, 삼보(보물, 법물, 승보)를 훼방한 자, 사찰 물건을 훔친 자, 비구니를 범한 자다. 이곳에 떨어지면 옥졸이 죄인의 살가죽을 벗기고 그 가죽으로 죄인을 묶어 불수레의 훨훨 타는 불 속에 던져 태우기도 한다. 야차들이 큰 쇠창을 달구어 입, 코, 배 등을 꿰어 던져버린다. 이곳에서는 하루에 수천 번씩 죽고 되살아나는 고통을 받으며 잠시도 평온을 누릴 수 없다. 고통은 죄의 대가를 다 치른 뒤에야 끝난다. 이 단어만큼은 멀리하고 살고 싶다.

쌍계사 경상남도 하동군

불갑사 전라남도 영광군

백담사 강원특별자치도 인제군

CHAPTER

7

사랑이 싹트는 러브 명당!

꽃보다
템플스테이

봄,
기록의 벚꽃 길

쌍계사 |하동|

— TEMPLESTAY —

雙 / 磎 / 寺

봄날 나른할 때 템플스테이가 고프다? 그렇다면 볼 것 없다. 무조건 경남 하동 '쌍계사'다. 명찰 중 명찰, 쌍계사 템플스테이는 기록 2가지를 보유하고 있다. 첫 번째는 대한민국 최장 벚꽃 길이다. 길이가 무려 10리, 즉 4km를 뻗어 도열해 있다. 이것만 해도 신나는데, 또 하나의 기록이 있다. 자동차가 아니라 마시는 차다. '하동=차'로 인식될 정도니 이곳 템플스테이에서 차담을 나눌 때 마시는 그 한 모금의 시원함이야 더 말할 필요가 없을 터다.

쌍계사 사님

사찰 이름은 지리산의 맑은 계곡 2줄기가 산문 앞에서 합쳐지는 데서 따온 것이다. 쌍계이 지점에는 2개이 큰 바위가 수문장처럼 버티고 있다. 석문이다. 바위에 새겨진 글자는 고운 최치원이 지팡이로 썼다는 전설이 내려온다. 둥지를 튼 곳도 묘하다. 지리산의 장엄함과 섬진강의 평화가 오묘한 조화를 이룬 곳에 자리 잡고 있다.

쌍계사가 특별한 건 한국 종교와 문화의 역사에서 빼놓을 수 없는 곳

229

이어서다. 선종 불교, 차, 불교 음악인 범패가 시작된 곳이기 때문이다.

창건은 통일신라시대인 723년 삼법스님과 대비스님은 중국 선종의 6대 조인 육조혜능조사의 정상(두상)을 모시고 와 '눈 속에 칡꽃이 핀 곳'에 봉안했다는 설화가 전해진다. 그곳이 지금 쌍계사의 금당이다. 금당 안에는 육조정상탑이 있다. 당나라에 유학해 혜능의 선법을 이은 진감선사가 귀국한 뒤 혜능의 정상을 봉안한 곳에 840년에 지은 절이 현재의 쌍계사다. 여기서 잠깐, 진감선사는 선과 범패를 가르쳤다. 불교 의식 때 사용하는 음악인 범패는 국악의 시초기도 하다.

그렇다면 차의 뿌리는 진감선사가 쌍계사를 창건하기 전인 828년 신라의 김대렴 시절로 돌아간다. 김대렴이 당나라에 사신으로 갔다 귀국하면서 차나무 씨를 가져와 왕명에 따라 지리산에 심은 것으로 알려져 있다. 이후 진감선사는 차나무를 쌍계사 주변에 번식시켰다고 한다. 이를 한국 차 문화의 시작으로 간주한다. 쌍계사 옆에는 차나무 시배지와 하동야생차박물관이 있다.

쌍계사 방문은 모름지기 봄이 골든 타임이다. 봄 쌍계사를 특별하게 만드는 기록 2가지가 있다. 하나가 쌍계사로 안내하는 최장 벚꽃 길이다. 벚꽃 길에도 등급이 있다. 쇠고기로 치자면 투 플러스 등급 정도 되는 곳이 하동십리벚꽃길이다. 코스는 화개장터에서 쌍계사까지 이어지는 딱 6km다. 10리(4km)가 아니라 15리인 셈이다. 걸어보면 제법 길다. 꽃구경을 하면서 천천히 걸어가면 한두 시간은 족히 걸린다. 길 양쪽으로 수천 그루 벚나무가 일제히 도열해 선 풍경은 아찔하다. 심술궂은 바

람이라도 몰아치면 하얀 꽃잎은 함박눈처럼 쏟아진다. 이곳의 하이라
이트는 석태이 아니라 '묘댄' 벚꽃 투어디 밤 7시가 지나면 야긴 조면
도 밝힌다. 햇빛을 가리는 벚꽃 터널을 지나 화개천을 건너면 이내 쌍계
사에 닿는다.

또 하나의 특별한 기록은 차다. 하동은 치 세배지디. 히동에서도 임금
님께 진상하던 차를 만들어온 곳이 바로 쌍계사다. '다성'으로 불리는
초의선사의 《동다송》에 나오는 동다가 바로 화개 쌍계사에서 나오는 차
에 대한 예찬이다. 쌍계사의 다도는 그래서 백미로 꼽힌다. 400년 역사
라는 일본 말차의 다도 역사도 천년 고찰 쌍계사의 다도에는 명함도 못

231

내민다. 몸과 마음을 돌본다는 영적인 마실 거리인 차의 진가를 알 수 있는 힐링 포인트인 셈이다.

봄 쌍계사가 특별한 만큼 쌍계사 템플스테이도 4월과 5월이 하이라이트다. 4월에는 벚꽃 때문에, 5월에는 하동 전통문화 차 축제 때문에 발 디딜 틈이 없다.

템플스테이 역사도 깊다. 2002년 한·일 월드컵 당시 한국불교문화사업단에서 전국적으로 템플스테이라는 개념을 설파했는데, 쌍계사는 2007년 템플스테이 사찰로 지정됐다. 선두주자인 셈이다.

천년 고찰답게 사찰 내 볼거리도 풍부하다. 보자마자 '억' 소리가 나는 쌍계사 구층석탑과 뒤로는 팔영루 누각이 펼쳐진다. 1990년 만들어진 구층석탑에는 스리랑카에서 공수한 진신 사리가 모셔져 있다. 팔영루의 존재가 흥미롭다. 진감선사가 섬진강에서 뛰노는 물고기를 보고 8음률로 우리 민족에게 맞는 불교 음악인 범패를 만들고 교육한 바로 그곳이다. 팔영루 양쪽으로 스님들 거처인 설선당과 적묵당이 둥지를 트고 있다. 높은 계단을 오르면 비로소 보물 제500호 대웅전을 마주한다. 화엄전도 꼭 봐야 할 포인트다. '해인사' 다음으로 많은 목판 대장경이 봉안돼 있다.

문화예술관 사무국에서 템플스테이 체크인을 하고 입을 승

쌍계사 팔영루와 구층석탑

복과 방 키를 받아 간다. 압권은 신사옥이라는 것이다. 사무국과 같은 건물 1층인데, 지붕만 기와로 덮였을 뿐, 시설만큼은 완전 현대식이다. 심지어 냉난방 역시 개별식이다.

새벽 예불과 저녁 예불은 자율 참여 방식이다. 욕실 역시 웬만한 비즈니스호텔 뺨칠 정도다.

벚꽃 시즌에는 하동십리벚꽃길로 원족을 나가는 쌍계사 템플스테이 프로그램은 1박 2일 코스 휴식형 '수류화개'다. 휴식형은 일반적인 템플스테이로 생각하면 된다. 예불과 공양 과

쌍계사 템플스테이

정을 거치고 둘째 날에는 불일폭포까지 포행(자율)도 있다.

체험형이 끝내준다. 테마가 있다. 래프팅을 넣은 프로그램은 여름에 올킬이다. 명상 스트레칭, 집단 차담 등을 체험하는 코스도 있다. 가장 인기 있는 게 티 클래스다. 5월 하동 차 축제 기간에는 오픈 런을 해야 할 정도로 인기다. 이때 경험하는 다도는 백미일 수밖에 없다.

당일형도 있다. 고정된 프로그램은 아니고 사찰로 당일형 체험 문의를

쌍계사 주변 벚꽃

하면 진행된다.

놓칠 수 없는 코스는 화개장터다. 사찰에서 차로 불과 10분 거리다. 장터 입구에는 "전라도와 경상도를 가로지르는 섬진강 줄기 따라 화개장터엔…"을 노래한 가수 조영남의 조형물이 있다. 주의 사항이다. 사찰 디톡스로 건강함을 찾았는데, 여기서 정신 팔다간 도로 쪄서 나오니 정말이지 경계할 것.

경상남도 하동군 화개면 쌍계사길 59

055)883-1901

ssanggyesa.net

템플스테이 프로그램 정보

체험형 나를 마주하는 시간
마음을 다스리며 쉬어 가는 시간
- ⓦ 성인 9만 원, 중고생 8만 원
- ⊙ 1박 2일
- ▤ 사찰 안내, 예불, 공양, 명상, 좌선, 차담 등

휴식형 혼자 즐기는 템플스테이
자연의 기운을 받으며 혼자 즐기는 시간
- ⓦ 성인 8만 원
- ⊙ 1박 2일~7박 8일(가격 상이)
- ▤ 사찰 안내, 예불, 공양 외 자율형 프로그램
- ⊙ 1인 1실 사용

휴식형 수류화개
지리산 맑은 물이 흐르는 곳에서 일상에 지친 심신을 쉬고 부처님의 가르침을 느끼는 시간
- ⓦ 성인 6만 원, 중고생 5만 원, 초등생 4만 원, 미취학 무료
- ⊙ 1박 2일~10박 11일(가격 상이)
- ▤ 사찰 안내, 예불, 공양 외 자율형 프로그램
- ⊙ 2인 이상 신청 시 진행

가을 핫플!
레드 카펫 밟으며 템플스테이

불갑사

— TEMPLESTAY —

佛 / 甲 / 寺

어떤가. 레드 카펫을 밟으며 템플스테이를 할 수 있다면? 심지어 그 레드 카펫이 붉은 물결의 시그니처로 꼽히는 상사화 군락이라면? 국내 최대 상사화 군락지로 꼽히는 전남에서 매년 9월께 붉은 빛을 뿜어내는 사찰이 있다. 영광 '불갑사'다.

영광의 가을은 독특하다. 총천연색 단풍으로 물들기 전 빨강으로 스타트를 한다. 매년 초가을 애틋한 붉은 물결을 뿜어내며 일렁이는 불갑산의 꽃무릇 덕이다.

불갑산의 원래 이름은 모악산(산들의 어머니)이다. 산세가 비교적 완만하고 아늑해 어머니 품 같다는 의미다. 불갑산으로 이름이 바뀐 건 산기슭에 불갑사가 들어선 뒤다. 지금도 모악산과 불갑산 이름이 혼용돼 불린다.

불갑산 정상은 연실봉이다. 봉우리의 생김새가 연 열매를 닮았다는 것이다. 영광군과 함평군 경계에 있는 불갑산은 누 군에서 가장 높은 산으로, 호남을 대표하는 진산이자 전국 100대 명산으로 꼽힌다. 정상에 오르면 지리산 반야봉이 한눈에 박힌다.

불갑사 템플스테이를 즐기기 전에 꽃의 정체부터 제대로 알고 가자. 우선 잎과 꽃이 피는 시기가 다르다는 공통점이 있다. 게다가 비슷한 생김새 탓에 흔히들 상사화로 알고

불갑산 상사화

불갑사 경내 상사화

있는데, 실상은 조금 다르다. 이 붉은 꽃의 정체는 엄밀하게 말하자면 꽃무릇이다. 나무 아래 무리지어 핀다고 붙은 이름이다. 돌 틈에서 나오는 마늘을 닮았다고 '석산石蒜'이라고도 한다.

꽃무릇은 9월 초순 즈음 꽃대가 올라온다. 민족의 명절 추석 전후로 절정을 맞는다. 그 후 꽃송이가 시들면 그때서야 잎이 자란다. 겨우내 버틴 잎은 이듬해 봄이 돼서야 시든다. 꽃과 잎이 서로를 그리워하나 만나지 못하는 것, 그건 상사화相思花와 같다. 사람들이 이 둘을 혼동하는 이유다. 하지만 차이가 있다. 상사화의 색은 여럿이다. 붉은 것도, 노란 것도 있다. 헌데 닮은 꼴 꽃무릇은 한 종류다. 꽃을 피워내는 시기도 살짝 차이가 난다. 이뤄질 수 없는 사랑이라는 꽃말의 상사화는 공교롭게도 남녀가 만난다는 짝짓기 골든 타임 칠월 칠석 전후고 꽃무릇은 초가을 즈음에 꽃을 피운다.

불교와 상사화의 인연은 깊다. 불교에서 상사화는 잎이 무성할 때는 번뇌 망상, 잎이 사그라지면 번뇌 망상의 소멸, 그리고 꽃은 열반의 세계를 상징해 '피안화(해탈꽃)'라 불린다. 피안은 속세가 아닌 이상향이다. 상사화의 뿌리는 약재로 쓰인다. 한지나 단청용 염료를 만들 때 섞으면 종이와 나무의 부패를 방지한다. 예부터 사찰 부근에 많이 심은 것도 이런 까닭이다.

꽃무릇이든 상사화든 상관없다. 초대형 붉은 꽃의 레드 카펫을 영광군에서 그냥 둘 리 없다. 매년 9월 중순부터 말까지 불갑산 관광지 일원에서 상사화 축제를 연다. 레드 카펫을 밟으며 불갑산을 둘러보는 코스가 있다. 축제의 하이라이트는 상사화 야간 퍼레이드다. 이름하여 '상사화 달빛야(夜)행'이다. 인도 공주와 성운스님의 설화 〈화엽불상견〉 스토리를 테마로 한다. 아리따운 공주를 짝사랑한 스님이 죽어 절집 옆에 꽃으로 피어났다는 전설과 맞물려 애틋한 감정을 자아낸다. 그리고 다양한 캐릭터를 내세워 상사화 군락을 지나는데, 퍼레이드가 펼쳐지는 구간은 불갑사 해탈교 입구에서 일주문까지 600m 남짓이다.

조금 다이내믹하게 이 레드 카펫을 즐기고 싶다면 불갑사를 출발하는 등산 코스가 있다. 불갑사를 거쳐 '동백골-구수재-연실봉-해불암-동백골-불갑사'로 다시 돌아오는 원점 회귀 코스다. 주차장까지 포함하면 총 7.3km, 서너 시간이 걸린다. 동백골~해불암 구간은 가파른 편이다. 아예 상사화와 꽃무릇의 레드 카펫만 골라 지르밟고 싶다면 동백골까지만 찍고 바로 컴백하는 코스가 딱이다.

불갑사의 역사는 백제 때로 거슬러 올라가니 그야말로 천년 고찰이다. 384년 마라난타 손사가 처음으로 불교를 진파하면서 지은 대한민국 최초의 불법 도량이라는 의미로 '불갑사佛甲寺'라는 명칭을 썼다고 알려져 있다. 마라난타는 영광 법성포를 통해 그 옛날 백제 침류왕대에 불교라는 종교를 알렸다. 뭍으로 싶숙하게 파고든 법성포 자락은 예부디 시해 안 천혜의 항구로, 서역 문물을 받아들이던 관문이다.

전라도 지역에는 꽃무릇 군락지로 소문난 빅3 사찰이 있다. 전남 함평 '용천사', 전북 고창 '선운사', 그리고 전남 영광의 불갑사다. 나비 축제로 유명한 용천사에서는 차로 불과 15분 거리다. 두 사찰을 동시에 방문

불갑사 대웅전

해보는 것도 꿀팁이다.

돌계단을 올라 처음 마주하는 천왕문 안에는 신라 진흥왕 때 연기조사가 목각했다는 사천왕상이 있다. 천왕문 우측이 6각 누각이다. 1층과 2층에 각각 종과 북이 걸려 있다. 보물 제830호로 지정된 대웅전은 정면 3칸, 측면 3칸의 팔작지붕 건물이다. 정면과 측면 모두 가운데 칸의 3짝 문을 연화문과 국화문으로 장식했고 좌우 칸에는 소슬 빗살무늬로 처리한 게 눈에 띈다.

절 뒤편에 놓치지 말아야 할 SNS 포인트가 숨어 있다. 천연기념물 제112호로 지정된 참식나무 군락이다. 수령 700여 년을 자랑하며 우뚝 서 있다. 고려 충렬왕 때 각진국사가 심었다고 전해진다. 참식나무는 녹나무과에 속하는 상록활엽수다. 꽃과 열매를 함께 볼 수 있는 나무다. 절 주변에 용천사, 내산서원, 수도사, 원불교 성지 등이 있다.

불갑사 템플스테이는 전국에서 가장 특별하다. 아니, 특별할 수밖에 없다. 전국 150여 개 사찰의 템플스테이 프로그램을 진두지휘하는 한국불교문화사업단 단장 만당스님이 주지로 있는 곳이어서다. 한국불교문화사업단은 조계종 사찰뿐 아니라 천태종 충북 단양 '구인사' 등 다른 종단의 주요 사찰까지 템플스테이 사업 전체를 관리 감독하는 곳이다. 전 세계에 사찰 음식을 홍보하는 역할까지 중책을 맡고 있다.

현 단장인 만당스님은 조계종 총무원장 진우스님과 같은 장성 '백양사' 문중이다. 지종스님을 은사로 1992년 수계(사미계)했다. 총무원 기획실 기획국장, 종교평화위원회 위원장, 제15·16대 중앙종회의원, 제17대 중앙종회 부의장을 역임했고 현재는 제18대 중앙종회의원이면서 영광 불갑사 주지를 맡고 있다.

템플스테이의 누적 참가자 수는 2023년 기준 약 676만 명을 돌파했다. 특히 탈종교 경향이 강한 MZ세대에서 템플스테이의 인기는 가히 열광적이다. 1,000만 관중을 찍은 프로야구 응원 문화에 견줄 정도다. 만당스님은 "최근 3년간 2030세대의 템플스테이 참여 비율이 전체 참가자의 40~50%를 차지한다. 그 전까지만 해도 절 하면 노년층이 가는 고리타분한 이미지였는데, 품격 있는 문화 공간이라는 색다르고 독특한 이미지가 새롭게 번져가는 것 같다"라고 강조하신다.

사찰의 문턱을 낮춘 게 템플스테이라면 그 다음 단계로 문호를 연 게 사찰 음식이라고 한다. 한국불교문화사업단은 템플스테이 외에도 사찰 음식을 알리는 역할을 수행하고 있다. 사업단은 사찰 음식 전문가를 전문조리사, 장인, 명장 등급으로 분류하고 자격증을 수여하는 공인 기관이다.

만당스님은 독특한 이력으로도 눈길을 끈다. 고려대학교 법학과를 졸업하고 사법고시 2차 시험을 위해 찾은 사찰이 불갑사다. 이 인연으로 출가의 길을 걸었으니 참으로 기연이다. 지치지 않느냐는 질문에 늘 웃으며 하시는 말씀이 있다. 육신을 움직이는 것도 결국은 마음이라는 것이다.

그러니 불갑사 템플스테이, 그저 마음 가는 대로 오라고 한다. '지금, 바로, 여기'의 당일형도 자유롭다. 성인, 중고생, 초등생까지 3만 원이면 템플스테이 맛을 느낄 수 있다. 마음에 들면? 하룻밤 더 기거하면 될 터다. 마음에 들지 않는다면? 지금, 바로, 여기를 찍고 나가면 된다. 가을이면 천년 고찰 불갑사의 레드 카펫 상사화 군락을 둘러보니 어찌 당일치기로 끝나랴.

하룻밤 더 기거하고 싶다면 마음을 제대로 알아야 한다. 1박 2일 '참나를 찾아가는 길'에는 '마음사용설명서'라는 부제가 붙어 있다. 선명상을 기반으로 하고 108배, 울력, 포행 등을 두루 체험한다.

상사화 축제에 맞춘 템플스테이도 매년 열린다. 이름부터 맛깔스럽다. '꽃길만 걸어요'다. 7월 중순부터 진노랑상사화가 피는 불갑산은 연이어 붉노랑상사화, 백양꽃 등 차례로 다양한 상사화 속 꽃을 틔운다. 9월 중순이 골든 타임, 전국 최대의 군락지를 가진 석산이 마침내 레드 카펫을 만들어낸다.

그래, 올가을 빨강이 끌린다면 볼 것 없다. 마음 가는 대로 불갑사행이다.

◎ 전라남도 영광군 불갑면 불갑사로 450

◎ 010-8631-1080

예약 및 상세 정보

템플스테이 프로그램 정보

(당일형) **지금, 바로, 여기**

ⓦ 성인·중고생·초등생 3만 원

ⓢ 10:00~15:00

⊟ 사찰 안내, 공양, 명상, 염주 만들기, 소원등 만들기 등

ⓢ 단체 전용

(체험형) **참 나를 찾아가는 길**

선명상을 통해 마음 다루는 법을 배우는 시간

ⓦ 성인·중고생·초등생 7만 원

ⓢ 1박 2일

⊟ 사찰 안내, 예불, 공양, 포행, 108배, 울력 등

(체험형) **마음, 그것은**

일상의 힘듦은 잠시 내려놓고 나를 돌아보고 다독이고 치유하는 시간

ⓦ 성인·중고생·초등생 7만 원

- ⏱ 1박 2일
- 📋 사찰 안내, 예불, 공양, 포행, 108배, 울력 등
- ⏱ 휴식형과 상세 프로그램이 다름

휴식형 **마음, 그것은**

지치고 힘든 마음을 돌아보고 나를 위한 일상의 쉼을 갖는 시간

- ₩ 성인·중고생 5만 원, 초등생·미취학 4만 원
- ⏱ 1박 2일~10박 11일(가격 상이)
- 📋 사찰 안내, 예불, 공양, 포행 등

만추홍엽 최고의
단풍 명소

백담사

— TEMPLESTAY —

百 / 潭 / 寺

나뭇잎 하나가 아무 기척도 없이 내 어깨에 툭 내려앉는다. 내 몸에 우주가 손을 얹었다. 너무 가볍다.

- 이성선 <미시령 노을> 중에서

맞다. 무릇 단풍 감상이란 눈으로만 즐기는 게 아니다. 어깨에 얹고 꾹꾹 밟아주고 바삭바삭 소리도 듣고 해야 제맛인 법이다. 그러니 단풍 나들이로 템플스테이만한 것도 없다. 만해 한용운 님이 템플스테이를 경험했다면 이랬을 거다. 영혼에 우주가 손을 얹었다고, 너무 가볍다고.

뜬금없이 만해 한용운 님의 예를 든 데는 이유가 있다. 만해의 흔적을 따라가는 템플스테이 핫플이 있다. 강원도 하고도 인제군, 치유의 사찰로는 으뜸으로 꼽히는 '백담사'다.

전국 명품 템플스테이 중에는 명품 단풍으로 뜬 곳이 있다. 템플스테이와 단풍의 절묘한 조합은 그야말로 단풍 비빔밥이다. 가서 맛보면 안다. 혀끝에 착착 감기는 그 맛, 살살 녹는 코스의 풍미, 가을에 기분 좋은 중독이다.

늦가을마다 백담사 템플스테이가 붐비는 이유가 바로 단풍이다. 백담사 단풍이야 두말하면 잔소리다. 강원권 단풍 3대 천왕이기 때문이다. 사실 설악에서 가장 인기 있는 단풍 명소는 천불동 계곡이다. 하지만 시즌 때는 붐빈다는 게 늘 문제다. 백담사가 둥지를 틀고 있는 내설악 루트는 다르다. 한갓지게 단풍을 즐길 수 있는 보석 같은 코스여서다. 심지어 늦가을, 만추홍엽으로 물든 때라면.

백담사는 한마디로 치유의 사찰이다. 상처받고 아플 때 이곳을 찾게
된다. 왜일까? 세상과의 단절을 오롯이 체험할 수 있는 곳이기 때문이다.
백담사에 딸린 영시암永矢庵의 의미를 알면 고개가 끄떡여진다. 영시암은
글자 그대로 그 격절감만으로 세워진 암자다. '영원히 쏜 화살'이라니.

영시암 스토리는 아버지와 형제를 잃은 김창흡이 세상과 단절을 선언
하고 창건한 때로 거슬러 간다. 영시암의 '시'는 화살 '시矢'다. 활시위를
떠난 화살을 연상하면 된다. 다시 돌아오지 않는다는 의미다. 영원히 속
세로 나아가지 않겠다는 비장감이 담겨 있다. 조선 후기의 문장가인 김
삼연은 《영시암기》를 통해 휴양하려는 이들과 기를 기르려는 선비들이

백담사 주변 돌탑

사방에서 구름처럼 모여들었다고 기록하고 있다.

　만해도 그랬다. 인생의 고비 때마다 해답을 찾은 곳이 여기였다. 그가 백담사에 든 게 20세 약관의 나이다. 잠시 고향으로 돌아갔다 백담사를 다시 찾은 게 25세 때다. 3·1 운동을 거쳐 3년간 서슬 퍼런 옥고를 치른 뒤 다시 돌아온 곳도 다름 아닌 여기다. 그 치유의 여정 끝에 이곳에서 탄생한 게 〈님의 침묵〉인 셈이다. 그러니 이곳에서 필히 찾아봐야 할 게 만

해의 흔적이다. 경내 한편이 그 유명한 만해 기념관이다. 〈님의 침묵〉과 함께 《불교대전》 등 10여 권의 작품 원본과 글씨 110여 점이 전시돼 있다.

지금부터는 백담사 기원 이야기다. 본래 설악산 백담사의 '백담百潭'은 100개의 담에서 연유된 이름이다. 647년 자장율사가 지금의 설악산 장수대 안내소 인근의 한계사 터에 절을 세우고 아무도 범접치 못할 산문을 세운다. 하지만 창건 이후 1783년까지 무려 7차례에 걸친 화재가 발생하자 자주 절터를 옮기게 된다. 어느 날 당시 주지의 꿈에 백발노인이 나타난다. 이 노인은 대청봉에서 절까지 웅덩이가 몇 개 있는지 세어보라고 주문한다. 주지가 세어보니 꼭 100개였다고 한다. 이후 이름을 백담사로 고쳤고 그 뒤로는 화재가 없었다고 한다.

백담사의 시그니처는 누가 뭐래도 돌탑이다. 수심교 주변 계곡의 돌탑이 독특한 풍경을 서사한다. 수천 개가 도열해 있는 놀라운 장면이다. 백담사나 설악산을 찾는 이들이 간절함을 담아 쌓은 것인데, 이듬해 여름 장마철에 큰물에 휩쓸려 허물어지면 다시 또 쌓아지는 백담사의 대표적 풍경이다. 공교롭게도 백담사로 향하는 수심교의 의미도 치유, 즉 마음을 닦는다는 의미다. 당연히 템플스테이 프로그램의 핵심도 치유다. 마음을 내려놓는 선명상과 트레킹이 주를 이룬다.

보통 단풍 시즌에 선보이는 코스는 내설악 단풍과 함께하는 명상 트레킹이다. 단풍비 맞으며 산에서 공양하고 내설악 속살 구석구석을 누비며 자신을 찾아가는 과정이다. 다양한 코스가 있으니 편한 프로그램을 찍으면 끝이다.

대표적인 게 선명상 체험형 '마음 하나 선명상 템플스테이'다. 이 코스 안내문에는 아예 모소대나무 비유가 쓰여 있다. 중국 극동 지방에서만 자란다는 희귀종 모소대나무는 씨앗에서 싹이 트고 수년간 정성을 들여도 4년간 겨우 3cm밖에 자라지 않는 품종이다. 그런데 놀라운 것은 5년째 되는 날부터 하루에 무려 30cm가 넘게 자라나기 시작한다. 그렇게 6주가 지나면 15m 이상 자라면서 빽빽하게 숲을 이룬다. 한마디로 퀀텀

백담사 설악산 명상 체험

점프다. 4년을 버틴 튼튼한 뿌리 덕분에 어떤 강력한 비바람에도 쓰러지지 않고 견딘다. 뿌리 내린 땅 주변은 시멘트처럼 굳어진다. 지진이 와도 흔들림이 없다. 백담사는 모소대나무처럼 마음에 하나하나 정성을 들이는 작업이 선

백담사 템플스테이관 푯말

명상 수행이라고 지적한다. 모소대나무처럼 간절하게, 절실하게, 애절하게 마음 다스림을 배우는 과정이 이 코스라는 설명이다.

백담사 템플스테이관에는 나무로 된 문답 푯말이 걸려 있다.

문 : 부처가 무엇입니까?
답 : 차나 한 잔 들고 가시게.

강원도 인제, 오지 중 오지 백담사 템플스테이. 거창하게 준비할 것 없다. 만해 공부? 단풍 사진? 모소대나무? 아니다. 다 버려라. 차나 한 잔 들고 산다는 마음으로 가볍게 오면 된다.

⊙ 강원특별자치도 인제군 북면 백담로 746
📞 033)462-5565
🏠 www.baekdamsa.or.kr

예약 및 상세 정보

템플스테이 프로그램 정보

당일형 말한 바 없이 말하고 들은 바 없이 듣는 템플스테이

노력과 인연의 관계를 알아가는 시간

- ⓦ 성인 2만 원
- ⊘ 1차(08:50~11:00)와 2차(13:50~16:00) 중 선택
- 🖹 자기 소개, 마음 나누기, 차담 등
- ⊘ 휴대전화는 사무실에서 보관

체험형 마음 하나 템플스테이

내 마음을 확인하고 다스리는 시간

- ⓦ 성인 10만 원
- ⊘ 1박 2일
- 🖹 사찰 안내, 예불, 공양, 포행, 명상, 차담, 울력, 만해 한용운 님의 〈님의 침묵〉 명상 배우기 등
- ⊘ 휴대전화는 사무실에서 보관

체험형 마음 하나 선명상 템플스테이

모소대나무처럼 간절하게, 절실하게, 애절하게 마음을 다스리는 시간

- ⓦ 성인·중고생 10만 원
- ⊘ 1박 2일
- 🖹 사찰 안내, 예불, 공양, 명상, 차담, 울력, 108배 등
- ⊘ 휴대전화는 사무실에서 보관

체험형 꿈. 희망 숲명상 템플스테이

한 사람이 다른 사람을 아끼고 그 관계를 지키고자 하는 것이 마음이며 이 마음을 경험하는 시간

254

- ⓦ 성인 15만 원
- 🕐 2박 3일
- 📋 사찰 안내, 공양, 명상, 차담, 울력, 돌탑 쌓기 등
- ✓ 휴대전화는 사무실에서 보관

휴식형

- ⓦ 성인 8만 원
- 🕐 1박 2일~2박 3일(가격 상이)
- 📋 사찰 안내, 예불, 공양, 사물 관람 외 자율형 프로그램
- ✓ 휴대전화는 사무실에서 보관

봉선사 경기도 남양주시

대승사 경상북도 문경시

망경산사 강원특별자치도 영월군

건봉사 강원특별자치도 고성군

CHAPTER
8

세상에 이런 곳이!

미스터리 템플스테이

500년 출입 금지의
숲을 걷다

봉선사

───── TEMPLESTAY ─────

奉 / 先 / 寺

봉선사 템플스테이

500년간 일반인 출입을 절대 허락하지 않았던 비밀의 숲, 그 속을 누비는 비밀의 숲 템플스테이라면 어떤가. 말도 안 된다. 일반인은 절대 걸을 수 없는데, 템플스테이를 하면 그 깊은 터주는 비밀의 숲이 있다. 그 숲에 자리 잡은 놀라운 사찰은 경기 남양주 '봉선사'다.

500년간 비밀리에 숨겨졌던 숲은 광릉숲, 봉선사는 신비로우면서 독특한 생태계를 자랑하는 그 숲 한가운데 둥지를 트고 있다. 6,000여 종에 이르는 다양한 생물 종이 서식하고, 심지어 2010년부터는 유네스코 생물권보전지역으로 인정받아 보호 관리 중이다. 경기 남양주, 포천, 의정부에 걸쳐 2,238ha에 달하는 국내 최대의 산림 보고인 셈이다. 그야말로 전국 유일 미지의 공간이다. 그 깊은 비밀의 숲이 500년 세월을 넘어 템

봉선사 설법전과 삼층석탑

플스테이 참가자들에게 빗장을 열어준다.

　우선 광릉숲에 대한 이야기다. 조선 제7대 임금 세조는 사냥을 즐겼다. 주로 봉선사 숲에서 놀았다고 알려져 있다. 조카를 죽이던 마음으로 온갖 짐승들을 잡아 죽이면서 놀았는데, 말년이 돼서야 괴질과 죄책감으로 고생하다 자기가 놀던 곳에 묻힌다. 이게 봉선사 옆 광릉光陵이다.

　지금은 수목원으로 더 유명하다. 광릉숲 안의 국립수목원은 2010년 유네스코 생물권보전지역으로 지정됐다. 500년 이상 산불 한 번 없이 잘 보전된 자연림이자 원시림이다. 세조가 여기서 놀 때도 참 놀기 좋았을 것이다. 시뻘건 살육과 사화로 왕권을 거머쥔 절대군주의 기세는 물론

온데간데없다. 500년 역사의 땅을 밟고 이제는 아이들이 와서 뛰어논다.

지금부터는 봉선사 스토리다. 사찰 창건 역사는 969년 고려 광종 20년으로 거슬러 간다. 조선조 때는 우수한 학승을 배출하는 교종본찰로서 명성을 구가한다. 1469년 세조의 비 정희왕후가 세조의 능침을 이 산에 모시고 광릉이라 명명한다. 이후 선왕 능침의 명복을 비는 자복사로 삼고 사찰명을 봉선사라 한다. 천년 고찰답게 거듭 병화를 겪는 비운의 역사도 간직하고 있다. 임진왜란, 병자호란, 6·25 전쟁 때 거듭 병화를 입었고 낭혜대사(1539년)의 뒤를 이어 계민선사(1637년)가 중건하고 1749년과 1848년에 다시 중수해 비로소 대찰의 면모를 되찾는다.

이색적인 건 한글 현판이 많다는 것이다. 근현대 경전 한글화의 대부 운허스님과 월운스님이 머물며 지도한 덕이다.

템플스테이 최강 프로그램은 역시나 '비밀의 숲 선명산'이다. 템플스테이에 참여하면 광릉숲 일대를 산책할 수 있다. 일반인들의 출입은 당연히 제한된다.

국립수목원을, 그것도 템플스테이를 해야만 누빌 수 있다니. 국립수목원은 차원이 다른 품

봉선사 한글 현판

봉선사 광릉숲 명상 체험

종의 나무들이 몰려 있다. 나무 종류의 변천이 거의 없는 안정된 극상림 단계로, 각종 희귀 동식물이 서식한다. 이곳에는 287종의 수목과 494종의 초류, 멸종위기종 포함 2,880종의 동물과 3,344종의 식물이 바글거린다. 압권은 숫자로 환산할 수 없는 아늑함이다. 공기는 맑고 사위는 고요하다. 바닥은 푹신하다.

프로그램 종류도 담백하다. '산사를 거닐다' 1박 2일 1인실형과 다인실형(2~5인)이 있다. 프로그램 내용은 다를 게 없다. 오롯이 자신을 내려다볼 수 있는 1인실형이 가격만 조금 더 비싸다.

프로그램 내용이나 가격이 뭐 그리 중요할까. 500년 역사를 간직한 비밀의 숲, 일반인은 절대 못 간다는 그 비밀의 공간을 템플스테이를 해야만 밟을 수 있다는데.

📍 경기도 남양주시 진접읍 봉선사길 32

📞 010-5262-9969

🏠 www.bongsunsa.net

예약 및 상세 정보

템플스테이 프로그램 정보

당일형 숲길 걷기명상

묵언과 고요 속에 숲속을 거닐며 온몸으로 자연을 맞이하는 시간

- ₩ 성인 3만 원, 중고생·초등생 2만 원
- 🕐 12:00~14:00
- 📋 사찰 안내, 공양, 명상 등
- 🕐 5인 이상 신청 시 진행

체험형 비밀의 숲 선명상

광릉숲길을 걸으며 일상의 나를 잠시 내려놓고 갖는 휴식과 충전의 시간

- ₩ 성인 9만 원(연잎밥 체험 시 성인·중고생·초등생 10만 원)
- 🕐 1박 2일
- 📋 사찰 안내, 예불, 공양, 명상, 차담, 산책, 108연주 만들기, 니종 체험 등
- 🕐 만 25세 이하 대학생은 참가비의 10% 할인

휴식형 산사를 거닐다

바쁜 일상의 속도를 낮추고 여유와 휴식을 경험하는 시간

- ₩ 성인 7만 원(다인실)/성인 10만 원(1인실)
- 🕐 1박 2일~2박 3일(가격 상이)
- 📋 자율형 프로그램

신비의 도시 문경에
미스터리 템플스테이가?

대승사 |문경|

TEMPLESTAY

大／乘／寺

이거 미스터리한 점이 한둘이 아닙니다. 하트 모양 계곡이 있는가 하면, 보는 사람의 얼굴을 따라 고개를 돌리는 미스터리 불상도 있습니다. 도깨비 도로에, 돌을 먹고 자라는 한우와 돼지까지 삽니다. 그런데 말입니다. 맛이 기가 막히니 환장할 노릇이죠. 그리고 그 미스터리함에 방점을 찍어주는 미스터리 템플스테이 메카, 대승사가 버티고 있습니다. '그곳'이 알고 싶다, 이번에는 미스터리 핫플 경상북도 문경으로 떠나봅니다.

미스터리1 하트 계곡이 있다?

미스터리 넘버원은 계곡이다. 말도 안 된다. 계곡의 소, 그 모양새가 하트라니. 앞에서 보고도 믿기지 않는다. 오죽하면 문경시조차 문경 8경의 으뜸에 놓았을까. 전국에서 유일한 하트 모양 계곡을 품은 곳이 문경 하고도 대야산이다. 찾기도 쉽다. 입구에서 등산로를 따라 15분 정도 걸으면 이내 계곡 한쪽에 너럭바위가 눈에 띈다. 장정 200여 명이 족히 앉고도 남을 매머드급이다. 묘한 모양이 있다. 예쁘게 둥지를 튼 하트다. 용이 승천하다 떨어졌다는 용추계곡 龍湫溪谷이다. 더 놀라운 건 또 있다. 용의 비늘이 하트 계곡 위쪽에 선명하게 새겨져 있다.

하트 계곡은 크게 3단이다. 가장

용추계곡

상단은 거대한 암반이 수천 년 동안 물에 닳아 만들어진 원통형 홈이고 그 홈을 타고 맑은 계곡류가 엿가락처럼 꼬아 돌며 아래로 떨어진다. 움푹 파인 소 양쪽의 바위 형세가 영락없는 하트 모양이다. 아래쪽이 2단째 중단 계곡이다. 상단보다 넓은 소다. 마치 잘 다듬어놓은 천연의 목욕통 같다. 가볍게 계곡 욕을 즐기기에는 딱이다. 3단째 하단은 중단에서부터 완만한 경사를 이루며 3m가량 암반을 타고 물이 흘러내린다. 천연 미끄럼틀이다. 사랑이 퐁퐁 샘솟는 느낌이다.

미스터리 2 움직이는 불상이 있다?

두 번째 미스터리는 한술 더 뜬다. 불상이다. 심지어 움직인다. 그것도 불상 3개가 동시에 고개를 돌린다. 관찰자가 쳐다보는 대로 따라서 고개 방향이 돌아간다. 움직이는 불상으로 난리가 난 곳이 문경 산북면 하고도 '월광사' 사찰이다. 내비게이션에 검색했더니 주변이 휑하다. 그만큼 외진 곳이다. 은밀하면서 자그마한 사찰인데, 문경 주민들은 기도 명당 첫째로 친다. 직접 보니 더 놀랍다. 사찰 앞 정원에 놓인 3개의 황금색 불상이 언뜻 보기에는 별다를 게 없다. 하지만 좌우로 움직이면 입이 쩍 벌어진다. 보는 사람의 시선 방향을 따라 불상이 고개

월광사 불상

를 돌린다. 카메라를 들이대봤다. 기가 막혔다. 그래도 마찬가지다. 카메라 방향을 따라 불상 얼굴이 움직인다. 비밀은 음각이다. 양각 불상과 달리 월광사의 것은 얼굴이 음각이다. 오목렌즈를 떠올리면 된다. 주지인 법안스님이 웃으며 말한다. "부처가 좀 더 가까이 와 있는 느낌을 주려고 음각으로 제작했지요. 앞으로 108불상을 만들어보는 게 목표입니다."

미스터리 3 도깨비 도로가 있다?

문경시 호계면 별암리 산6의 문경대학교로 향한다. 문경대학교는 놓인 터부터가 미스터리다. 1994년 대학교 터를 닦을 때 6m 정도 땅을 파들어가자 거기서 바위 군락이 발견됐다. 이곳이 현재 문경대학교가 둥지를 튼 곳인 오정산 바위공원이다 말하자면 대학 자체가 바위 군락 위

문경 도깨비 도로

에 지어진 셈이다. 바위의 모양새도 미스터리다. 밀가루 반죽 같은 매끈한 돌들이 수백, 수천 개가 늘어서 있다. 놀라긴 이르다. 이곳에 또 하나의 미스터리 핫플이 있다. 이름하여 도깨비 도로다. 정확히는 문경대학교 기숙사 앞 약 50m 구간이다. 현장 모습은 평범 그 자체로, 유명한 제주공항 옆 신비의 도로처럼 그저 오르막일 뿐이다. 시작 지점에서 기어를 N(중립)에 놓자 자동차가 스르륵 움직인다. 이내 오르막을 거슬러 오

른다. 속도도 붙는다. 생수를 부으면 물도 오르막 구간을 따라 역류하니 말 다했다. 그야말로 반전의 핫플이다.

미스터리 4 돌을 먹은 소와 돼지?

다음은 문경새재다. 조선시대 선비들이 과거를 치르기 위해 한양으로 향하던 옛길이다. 백두대간에서 이어지는 이화령의 험준한 산세에 국내에서 가장 오래된 고갯길 하늘재가 스며든다. 주변으로는 기름틀 바위까지 기암절벽들이 절경을 이룬다. 문경새재에는 가로등이 없다. 달빛 밝기로 으뜸인 '문탠로드' 명당이니 그저 달빛을 벗 삼아 걸어주면 된다.

새재의 명물은 약돌한우다. 약돌이라는 게 재미있다. 문경은 전형적인 산악 지형이라 탄광 광산이 많았다. 약돌은 광산에서 캔 거정석(페그마타이트)을 말한다. 강알칼리성(pH9)을 띤 거정석은 화강암이다. 예부터 민간요법에 활용된 약돌로 알려져 있다. 물 정화제로 가정이나 음식점에서 쓰는 곳도 있다. 사료 대신 이걸 소와 돼지에게 먹인다. 그렇게 탄생한 게 약돌한우와 약돌돼지다. 돌을 먹인 소와 돼지라니. 그런데 이게 끝내준다. 살살 녹는다. 쫄깃하면서 부드러울 수 있다니. 그야말로 미스터리다.

문경새재

미스터리 5 미스터리한 템플스테이가 있다?

미스터리한 템플스테이가 있다고? 있다. 문경 시내(점촌)에서 북쪽으로 약 25km 떨어진 산골짜기에 '대승사'가 있다. 여러 부속 암자를 거느린 문경에서 가장 오래된 사찰이다. 일주문에 걸린 사불산 현판에서 절의 성격을 알 수 있다. 삼국유사에 따르면 신라 진평왕 9년인 587년에 커다란 비단 보자기에 싸인 바위가 산 중턱에 떨어졌는데, 사면에 불상이 새겨진 사불암이었다는 것이다. 왕이 소문을 듣고 와 예를 갖추고 절을 짓게 해 대승사라 사액했다고 한다. 기존 공덕산도 자연스럽게 사불산으로 불리게 됐다.

천년 고찰인데, 미스터리한 반전이 있다. 고풍스러움과 예스러움과는 거리가 있다는 것이다. 콘크리트로 포장된 드넓은 주차장이 있고 경내로 들어서면 깔끔한 전각이 이어진다. 한마디로 현대식이다. 이유가 있다. 대승사는 인조와 경종, 순종 등 조선시대에만 3차례 중창했는데, 1922년과 1955년 큰 화재로 명부전과 극락전만 남기고 소실됐다. 지금의 모습으로 복원한 건 1966년부터다.

만세루 아래서 계단을 오르면 대웅전이 보이는데, 가운데 문이 활짝 열려 있다. 이곳 내웅진 불상은 황금빛을 발한다. 사찰의 가장 큰 자랑인 국보 '문경 대승사 목각아미타여래설법상'은 불상 뒤에 조각으로 표현한 목각탱으로, 10개의 판목을 조합해 극락세계를 장엄하게 표현했다고 평한다. 이 목각탱이 더 주목받는 건 2024년, 112년 만에 개금불사(조각에 금 옷을 입히는 작업)를 마쳤기 때문이다.

대승사 대웅전

   대웅전과 마주 보는 만세루 누각 2층은 북카페다. 차 한 잔 앞에 놓고 느긋하게 책장을 넘길 수 있는 장소니 가을가을한 명당인 셈이다. 카페는 무료다.

   사실 대승사는 본당보다 부속 암자가 더 유명하다. 윤필암과 묘적암 두 암자가 왼쪽 산자락에 위치하고 있다. 윤필암이라는 명칭은 의상의 이복동생 윤필이 머물렀다는 데서 유래한다. 가파른 산자락에 관음전, 산신각, 선불장 등의 전각이 있는데 단연 사불전이 눈길을 잡는다. 승당에 별도의 불상을 모시지 않은 것도 특징이다. 대신 정면에 커다란 통유리로 산중턱의 사불암이 보이도록 설계한 게 참으로 미스터리하다.

대승사 템플스테이도 오묘하다. 체험형이 사실 시그니처다. 이곳을 거쳐 간 도력 높은 고승들의 실제 참선법을 익힐 수 있다. 천년 고찰 대승사에는 오랜 역사와 전통을 간직한 대승선원이 있다. 이곳을 거쳐 간 스님들의 면면이 그야말로 드림 팀이다. 1944년에는 성철, 청담, 서암, 자운 스님과 비구니 묘엄스님이 함께 정진했고 금오, 고암, 월산, 향곡 스님 등 숱한 고승들이 대승사 선원을 거쳐 갔으니 말 다했다.

여기서 잠깐, 성철스님이 3년 동안 눕지 않고 수행하는 장좌불와로 용맹 정진의 모범을 보인 곳도 이곳이다. 조계종 종정 법전스님이 밥 한 덩어리에 김치 한 조각으로 끼니를 때우며 정진하다 깨달음의 빛을 본 것도 이곳 선원이다. 그러니 이 체험형 템플스테이의 미스터리한 깨달음이야 두말하면 입이 아프다.

대승사 사불전

성철스님처럼 3년간 장좌불와는 아니지만 1박 2일 정도는 도전해볼

만하지 않은가.

📍 경상북도 문경시 산북면 대승사길 283

📞 010-4900-8123

🏠 www.daeseungsa.or.kr

예약 및 상세 정보

템플스테이 프로그램 정보

체험형 **참선으로 배우는 마음 공부법**

스님들의 발자취가 서린 대승사 선원 프로그램을 그대로 따라 진행하는 참선을
배우는 시간

- 💰 성인 8만 원, 중고생 6만 원
- 🕐 1박 2일
- 📋 사찰 안내, 예불, 공양, 산책, 명상, 타종 체험, 사물 관람, 스님과 대화 등

휴식형 **사불산 옛길을 걷다**

대자연을 품고 있는 대승사에서 스님들의 일상을 함께 체험하는 시간

- 💰 성인 8만 원, 중고생 6만 원, 초등생 4만 원
- 🕐 1박 2일~4박 5일(가격 상이)
- 📋 사찰 안내, 예불, 공양, 명상, 암자 순례, 타종 체험, 사물 관람, 차담 등

인생 별 볼 일 없다고?
별 보는 템플스테이

망경산사

─── **TEMPLESTAY** ───

望 / 景 / 山 / 寺

망경산사 대웅전

　이건 어떤가. 템플스테이 박사가 직접 설계한 프로그램이라면? 이런 곳이 진짜 있다. 강원도 영월의 '망경산사'다. 실제로 망경산사 템플스테이를 주제로 경영학 박사 학위를 받은 주지 스님이 직접 설계한 것이 알려지면서 알 만한 사람은 다 아는 템플스테이 핫플이 됐다. 2021년 템플스테이를 시작한 늦깎이지만 수려한 자연 경관과 맛깔스런 공양으로 입소문이 나 첫해에만 800여 명이 찾을 정도로 핫한 반응이다.

　둥지를 튼 곳도 놀랍다. 망경산사望景山寺, 멋진 경치를 조망할 수 있는 곳이라는 의미인데, 이곳 강원도 영월군 김삿갓면 망경대산 기슭 높이 800m 고지에 고즈넉하게 들어앉았다. 원래 이 일대는 전국 각지에서 모여든 사람들로 날마다 북적이던 이름난 탄광촌이었다. 가는 길도 험하

다. 절 앞마당까지 이어지는 굽이굽이 고갯길은 숨이 턱까지 차오른다. 하지만 도착하고 나면 탄성이 절로 난다. 그야말로 망경산사다.

지금부터는 박사가 실세한 템플스테이 프로그램 리스트다. 우선 정기적으로 이어지는 프로그램이다. 이곳 주변에는 200가지 이상의 각종 산나물과 산약초가 도량을 장엄하고 있다. 종류와 규모 면에서 전문 농장을 방불케 한다. 아예 산나물 사연 박물관으로 유명세를 띠면서 맛집 사찰로도 인정받고 있다. 봄부터 가을까지는 스님들이 직접 재배하고 채취한 제철 산나물이 상에 오르고 겨울에는 말리거나 냉동해둔 묵나물을 낸다. 이 나물 반찬에 반해 철마다 찾는 이도 많다는 게 주지 하원스님의 귀띔이다.

망경산사 산나물 반찬

봄과 여름에는 200가지가 넘는 각종 산나물과 야생화를 감상하거나 채취하는 환희심을 선물하는 템플스테이 프로그램이 등장한다. 가을과 겨울에는 전통 메주 만들기와 김장 김치 담그기라는 특화된 소모임을 운영하는 것으로도 유명하다.

부정기적 체험형 템플스테이가 사실상 이곳의 시그니처다. 원 톱으로 꼽히는 게 놀랍게도 별 관측이다. 별멍을 때릴 수 있는 프로그램이라니 기가 막히지 않은가. 일반인뿐 아니라 청각 장애인을 위한 별 관측 템플스테이도 있다. 사회적 기업과 함께하는 천체 관측 템플스테이는 청각장애인이 고요한 자연을 체험할 수 있도록 기획돼 호평을 받고 있다. 참가자는 천체망원경으로 별을 관찰하고 휴대전화를 활용한 천체 사진 촬영도 한다. 스님과의 차담을 통해 마음의 안정을 찾는 시간도 갖는다.

예전 탄광촌 스토리를 심은 템플스테이도 인기다. 이름하여 '운탄고도 1330, 광부의 길을 걷다'다. 운탄고도는 '석탄을 운반하는 길' 혹은 '구름이 양탄자처럼 펼쳐져 있는 고원의 길'이라는 의미다. 영월, 정선, 태백, 삼척 지역의 폐광 지역을 잇는 평균 고도 546m, 총 길이 173.2km의

망경산사 별 관측

둘레길이다. 1989년 석탄산업합리화 정책 이전까지 광부들이 실제 석탄을 캐서 운반하고 지난 스토리를 담은 길이다. 그중에서 망경산사 템플스테이가 운영하는 구간은 유타고도 3길인 광부의 길이다. 약 6.5km의 옛길을 힐링하며 걷는다. 불교에서 강조하는 중도의 조건을 기가 막히게 충족하는 코스다. 너무 가파르지도 않고 너무 평탄하지도 않은 명품 길이다. 매월 둘째 주에는 주기적으로 이 코스를 운영한다. '망경산사-낙엽송 삼거리-싸리재-황금폭포 전망대-모운동 마을'까지 약 6.5km 힐링 숲길이 이어지니 늦가을이면 만추홍엽 끝판왕이다. 트레킹 시간은 대략 2시간 정도다. 구름이 모이는 동네, 모운동벽화마을을 약 30분 정도 둘러보는 것도 색다른 맛이다. 여기서 잠깐, 야성의 캠핑을 좋아하는 참가자

망경산사 운탄고도 포행

라면 실내 텐트를 숙소로 활용할 수 있는 것도 매력이다.

가을과 겨울의 프로그램은 대부분 메주 체험이 주를 이룬다. '전통 메주 만들기 체험'이라는 템플스테이 프로그램이다. 1만 원 비용의 당일형인데, 이율배반적으로 느림의 미학을 배운다. 사찰의 정갈한 분위기 속에서 손으로 빚는 메주는 오랜 시간과 정성을 담은 우리 전통의 맛을 느낄 수 있는 기회다. 긴 시간 숙성으로 익어가는 메주를 통해 사찰 음식의 깊은 철학까지 덤으로 느끼는 과정이다. 오전 10시부터 40여 분간 메주 만들기 교육을 받고 체험에 착수한다. 12시부터는 점심 공양으로 맛깔스런 사찰 음식까지 맛보고 난 뒤 해산한다.

이런 다양한 프로그램이 있지만 공통 코스도 있다. 사찰 투어다. 사찰에 대한 간략한 소개와 함께 스님의 안내에 따라 망경산사 주변을 돌며

꽃과 나무, 산나물과 약초에 대한 설명을 듣는다. 괭이눈, 노루귀, 처녀 치마 등 이름도 생소한 야생화를 비롯해 산마늘, 눈개승마 등 산나물까지 철따라 피어나는 초목과 나물을 구경하는 재미가 쏠쏠하다. 높이가 800m인 만큼 절경도 압권이다. 인증 숏 포인트 안내도 받고 헛개나무와 밤나무 아래 놓인 벤치며, 누워서 파란 하늘을 감상할 수 있는 잔디밭까지 위치 파악을 제대로 할 수 있다. 코끼리 옆얼굴을 빼닮은 망경대산 능선을 찾아보는 것도 빼놓을 수 없는 재미다.

어떤가. 템플스테이 박사의 터치, 그 한 끗 차이가 느껴지는가. 템플스테이 마니아인데, 이 사찰 건너뛰면 '운탄'이 아니라 '한탄'할 게 뻔하다. 도전해보라.

📍 강원특별자치도 영월군 김삿갓면 망경대산길 135-6
📞 033)374-8007

예약 및 상세 정보

템플스테이 프로그램 정보

체험형 **자연과 함께하는 템플스테이**
스님들의 손길이 어우러진 망경산사에서 자연을 즐기며 자신을 성찰하는 시간
ⓦ 성인·중고생 8만 원
◎ 1박 2일
📋 사찰 안내, 공양, 차담, 108배, 울력, 망경산사 자연 즐기기 등

체험형 운탄고도 1330, 광부의 길을 걷다

탄광의 흔적을 따라 걸으며 한때 대한민국의 부흥을 이끌었던 광부들 삶의 애환을 느껴보는 시간

- 🆆 성인 8만 원
- 🕐 1박 2일
- 📋 사찰 안내, 공양, 차담, 망경산사 자연 즐기기, 운탄고도 걷기 등
- ⊚ 가벼운 운동화 또는 트레킹화 준비

체험형 정토선(염불) 수행

'염불 단계-자성염불 단계-일념 단계-무념 단계'로 나누어 진행하는 정토선 수행

- 🆆 성인 8만 원
- 🕐 1박 2일
- 📋 사찰 안내, 공양, 울력, 정토선 수행 등
- ⊚ 3개월 과정으로 1박 2일씩 총 3회 진행

휴식형 산사에서의 하룻밤

고요한 산사의 풍경과 함께 일상에 지친 몸과 마음에 깊은 위로와 재충전의 기회를 선물하는 시간

- 🆆 성인·중고생 8만 원
- 🕐 1박 2일
- 📋 사찰 안내, 공양, 차담, 울력, 망경산사 자연 즐기기 등

북쪽 땅끝, 세상에 하나뿐인
민간인 통제구역 트레킹

건봉사

———— TEMPLESTAY ————

乾 / 鳳 / 寺

건봉사 불이문

"여러분은 지금 금강산 건봉사에 도착했습니다. 금강산 너른 품이 느껴지시나요?" 사찰을 안내하는 스님께서 유독 '금강산'이라는 단어에 힘을 주신다. 말이 되는가. 대한민국 북쪽 땅끝에서 금강산을 언급하다니. 남북 분단의 아픔에 그저 바라만 봐야 했던 그 산, 그것도 그 품속에 있는 사찰인 '건봉사'다.

강원 하고도 산전수전 공중전까지 다 겪어야 닿을 수 있는 금강산 건봉사, 그 역사는 고불고불 찾아가는 길을 쏙 빼닮아 있다. 520년 창건 당

초에는 '원각사'라 불렸다. 고려 말 도선국사가 절 서쪽에 봉황새 모양의 바위를 보고 '서봉사'로 바꾸었고 마침내 1358년 나옹스님이 중건해 건봉사로 개칭했다.

유명세를 탄 건 위치 때문으로, 대한민국 최북단에 있는 산사다. 한때 묘향산 '보현사', 계룡산 '갑사', 두륜산 '대흥사'와 함께 4대 사찰로 꼽혔던 명찰이기도 하다. 6·25 전쟁 통에 불타기 전까지는 무려 766칸이나 되는 대가람이었고, 임란 때는 사명대사가 승병을 일으켰던 호국의 도량이었으며, 더 거슬러 올라가서는 신라시대 발징화상에 의해 주창된 염불만일 결사가 시작된 사찰이다. 게다가 석가 진신 치아사리가 모셔진 유서 깊은 곳이다.

건봉사가 벼랑 끝에 몰린 건 종전 직후 비무장지대에 위치한 지리적 여건 탓에 신도들의 출입마저 불편해지면서 폐사 위기를 맞은 것부터다. 하지만 건봉사는 잡초처럼 버텼다. 꿋꿋하게 자존감을 지켜온 우리네 역사를 닮은 것이다.

이쯤 되니 고성군에서 가만히 있지 않을 터다. 고성 8경(건봉사, 천학정, 화진포, 청간정, 울산바위, 통일전망대, 송지호, 마산봉 설경) 중 한 곳으로 당연히 이 건봉사를 찜해두고 있다.

건봉사는 사찰을 둘러보는 것만으로도 감정이 격해지는 곳이다. 처음 객을 맞는 곳은 일주문 역할을 하는 불이문이다. 6·25 전쟁 때 766칸의 사찰이 모두 불에 타서 폐허가 됐는데, 유독 이 불이문만 유일하게 보존됐다고 한다. 불이문 앞 500년 묵은 팽나무가 그것을 지켜줬다고도 하고, 불이문 건물 기초석에 암각돼 있는 금강저(지혜바라밀을 나타내는 상징물)가 불이문과 팽나무를 지켜줬을 거라고 추측하기도 한다. '팽'의 어원은 '피다'다. 건봉사 불이문과 팽나무는 남북통일(不二)의 꽃이 피길 바라는 염원을 안고 서 있다.

불이문을 지나면 경내가 나온다. 오른편의 작은 개울에 놓인 능파교(보물 제1336호)도 놓치지 말 것. '고해의 바다를 헤치고 부처님 세계로 간다'는 의미다. 이 다리를 건너면 10바라밀 석주가 서 있다. 10바라밀은 수행자가 열반에 이르기 위해 행하는 보시, 지계, 인욕, 정진, 선정, 지혜의 6바라밀에 방편, 원, 력, 지의 4바라밀을 첨가한 것이다.

봉서루를 지나면 대웅전이 나온다. 대웅전은 1994년 복원됐으며 그 앞 누각인 봉서루에 닿으면 "金剛山乾鳳寺금강산건봉사"라는 현판이 눈에 띈다. '금강'이라는 단어가 진중하게 마음을 울린다. 금강의 최남단 향로봉 남향에 자리 잡고 있어 굳이 금강산 건봉사라 했다 한다. 대웅전 주변으로 명부전, 염불원, 종무소, 육화당(요사채), 공양간 등이 앉아 있다.

이곳의 또 다른 볼거리가 장군샘이다. 사명대사가 700명의 의승군에게 몸을 씻게 해 질병을 막았다는 전설을 간직한 샘이다.

나무로 만들어진 연화교를 건너면 템플스테이 운영 사무소가 나온다. 건봉사 템플스테이 프로

건봉사 봉서루

등공대 입구

그램은 소박한 절의 모양새만큼이나 담백하다. 문의를 해보면 알겠지만 그저 오라는 것, 이게 다다, 심지어 강제도 없다. 예불은 전부 자율 선택이다. 오려면 오고 말려면 말라는 의미다. 웃는 낮의 처사님이 부드럽게 말씀하신다. "그저 한두 명 모여 머물다 가는 게 다지요. 한 달에 한 번 정도는 제사 의식도 하고 불경도 읽고…."

　물론 계절별로 여건이 허락하면 다양한 프로그램도 나온다. 대표적인 게 '통플'이다. 최북단에 둥지를 트고 있다 보니 이 산사는 통일을 염두에 둔 남북 템플스테이의 메카다. 그렇게 해서 나온 단어가 '통플(통일+템플스테이)'이다. 민통선으로 여행을 떠나는 '민통선 등공대 순례'는 오롯이 건봉사에서만 느낄 수 있는 알짜 프로그램이다. 이곳 최고의 트레킹 코스인 해탈의 길을 걸으며 마음을 내려놓는 해탈의 경지를 배울 수 있다. 단, 지뢰는 조심할 것.

 이틀간의 디톡스를 끝낸 뒤 사찰을 벗어날 때 누구나 입구의 불이문을 다시 돌아본다. 일주문이 담은 불이문의 의미가 둘이 아닌 하나를 의미하듯 남과 북도 결국은 하나가 아니었던가. 굳이 통일을 생각하지 않으면 어떤가. 내가 앉아 나를 생각하는 이곳이 바로 꿈에 그리던 금강산인데.

📍 강원특별자치도 고성군 거진읍 건봉사로 723
📞 033)682-8103

예약 및 상세 정보

템플스테이 프로그램 정보

당일형 **민통선 등공대 순례**
서로에게 힘이 돼주고 격려해주며 등공대를 오르는 시간
Ⓦ 성인·중고생 무료
🕐 13:00~14:30
📋 해설사와 함께하는 등공대 순례, 소원지 작성 등
✅ 10인 이상 단체 전용

체험형 **누구나 괜찮아**
나를 꼭 껴안아주는 금강산의 품에서 잘 살아왔던 나를 위로하는 시간

- Ⓦ 성인 5만 원, 중고생·초등생 4만 원
- 🕐 1박 2일
- 📋 사찰 안내, 예불, 공양, 산책, 108배, 염주 만들기 등

휴식형 **언제나 괜찮아**

사찰에 머물며 세속의 근심들을 잊고 자유롭게 사찰의 분위기를 느껴보는 시간

- Ⓦ 성인 5만 원, 중고생·초등생 4만 원, 미취학 3만 원
- 🕐 1박 2일~2박 3일(가격 상이)
- 📋 사찰 안내, 공양 외 자율형 프로그램

일상 속
불교 용어를 아나요?

④

● 10년 공부
도로 아미타불
10년 공부
徒勞 阿彌陀佛

숙어처럼 쓰는 문장이다. 오랫동안 공들여 해온 일이 하루아침에 허사가
되고 말았다는 의미다.

● 아수라장
阿修羅場

불교 용어를 정리하다 보니 아수라장이다. 이 단어 역시 빈출이다. 끔찍
하게 흐트러진 현장을 말한다. 약칭은 '수라'인데, 추악하다는 의미다.
아수라는 본래 육도팔부중의 하나로서 고대 인도 신화에 나오는 선신이
다. 뒤에 하늘과 싸우면서 악신이 됐다고 한다. 그는 증오심이 가득해 싸
우기를 좋아하므로 '전신(戰神)'이라고도 한다. 그가 하늘과 싸울 때 하늘
이 이기면 풍요와 평화가 오고 아수라가 이기면 빈곤과 재앙이 온다는 스
토리도 있다. 인간이 선행을 행하면 하늘의 힘이 강해져 이기게 되고 악행
을 행하면 불의가 만연해 아수라의 힘이 강해진다는 것도 같은 맥락이다.

● 야단법석
野壇法席

야단법석, 떠들썩하고 시끄러운 모습이라는 의미는 다 알고 있을 것이
다. 《불교대사전》에 나오는 말이다. '야단(野壇)'이란 야외에 세운 단,
'법석(法席)'은 불법을 펴는 자리라는 의미. 합치면 야외에 자리를 마
련해 부처의 말씀을 듣는 자리라는 의미. 법당이 좁다고 치자. 많은
사람을 다 수용할 수 없으므로 야외에 단을 펴고 설법을 듣고자 하는 것
이었다. 석가가 야외에 단을 펴고 설법을 할 때 최대 규모의 사람이 모인
것은 영취산에서 《법화경》을 설법했을 때로, 무려 300만 명이나 모였다
고 한다. 사람이 많이 모이다 보니 질서가 없고 시끌벅적하고 어수선하

게 된다. 일상에서도 이런 의미로 쓰인다.

✿ 외도
外道

외도마저 불교 용어다. 남녀 간의 성적인 일탈 행위다. 불교를 외도라 하고 불교 이외의 교를 내도(內道)라 하여 대칭으로 쓴 데서 비롯된 단어다. 요즘은 이거 하면 부부 관계 아수라장 된다.

✿ 이심전심
以心傳心

마음에서 마음으로 전한다는 의미다. 어느 날 석가 세존이 제자들을 영취산에 모아놓고 설법을 한다. 그때 하늘에서 꽃비가 내린다. 세존은 손가락으로 연꽃 한 송이를 말없이 집어 들고 약간 비틀어 보인다. 제자들은 세존의 그 행동을 알 수 없었다. 그러나 가섭만이 그 뜻을 깨닫고 빙그레 웃는다. 그제야 세존도 빙그레 웃으며 가섭에게 이렇게 말한다. "나에게는 정법안장(正法眼藏, 인간이 원래 갖추고 있는 마음의 덕)과 열반묘심(涅槃妙心, 번뇌를 벗어나 진리에 도달한 마음), 실상무상(實相無相, 불변의 진리), 미묘법문(微妙法門, 진리를 깨치는 마음), 불립문자 교외별전(不立文字 敎外別傳, 언어나 경전에 따르지 않고 이심전심으로 전하는 오묘한 진리)이 있다. 이것을 너에게 주마." 이렇게 하여 불교의 진수는 가섭에게 전해진다. 이심전심은 말이나 글이 아닌 마음과 마음으로 전했다고 한 데서 유래했다. 불교의 심오한 진리를 깨닫게 해주는 말이다. 소울메이트, 텔레파시 정도로 이해하면 된다.

백양사 전라남도 장성군

신흥사 전라남도 완도군

템플트레인 기차 타고 절로!

캠프스테이 캠핑하러 절로!

CHAPTER

9

몸과 마음을 고치다!

치유
템플스테이

풀장 변신부터 아토피 치유까지!
트랜스포밍 메카

백양사

— ● TEMPLESTAY ● —

사찰 경내가 풀장으로 트랜스포밍을 한다면 어떤가. 여기서 끝이 아니다. 아토피를 치료하는 템플스테이까지, 선보이는 족족 대박이 나는 사찰이 있다. 튀는 템플스테이 프로그램으로 전남 권역을 석권한 장성군 '백양사'다.

백양사에는 꼭 붙는 수식어가 있다. '호남 불교의 요람'이다. 역사가 그만큼 깊고 영향력도 막강하다는 의미다. 천년 고찰 백양사의 출발은 1,400여 년 전으로 거슬러 간다. 632년 여환조사가 창건한 고찰이다.

이름에 얽힌 설화도 흥미롭다. 처음 창건될 당시 명칭은 백양이 아닌 '백암'이었다. 암석이 모두 흰색이라 '백암사'라 했다고 한다. 이후 1034년 중연선사가 중창하면서 '정토사(정토선원)'로 바뀐다. 사찰 성격이 정토신앙을 바탕으로 한 선종 사찰로 변경되면서 사찰의 브랜드까지 바뀐 셈이다. 고려 때 기록은 대부분 정토사다. 조선 대로 접어들면 백암사와 정토사가 혼재해 기록된다.

그렇다면 백양은 어디서 온 것일까? 한양선사 다음의 주지인 소요대사의 비명碑銘에 마침내 백양사라는 명칭이 나온다. 이 시기부터 백양사라 불렸다는 설이 가장 설득력 있다. 현재 백양사의 모습을 만든 건 만암선사다. 일제강점기 본말사제로 변경된 뒤 1917년 제2대 주지가 된 만암선사는 현재 남아 있는 대웅전, 사천왕문 등을 건립한다. 현재의 사찰 모양새가 이때 비로소 등장하게 된다.

위치도 절묘하다. 백두대간이 남으로 치달리는 바로 그곳. 남원과 순창 일대를 거쳐 장성 지역으로 뻗어 내려온 노령산맥의 백암산 자락에

계절별 백양사 쌍계루

정확히 둥지를 트고 있다.

　백양사 템플스테이가 뜬 건 튀는 프로그램 덕이다. 그중 하나가 바로 여름 한정 풀장 템플스테이인 '연꽃아이'다. 풀장이라는 단어에 놀라겠지만 실제로 경내에 물놀이장이 있다. 아이들이 하는 건 그저 잘 노는 것. 물론 부처님 법과 불교문화는 자연스럽게 체득한다. 경내 마련된 미니 풀장에서 물놀이를 한 뒤에는 간식 삼매경 타임이다. 떡볶이와 수박 등 준비된 간식까지 맛보며 또래 친구들과 함께 잊을 수 없는 추억을 만든다. 캠핑 형태로 진행되는 연꽃아이 프로그램은 풀장 물놀이, 달 포행, 소리 및 움직임 거울명상 등 다채로운 프로그램으로 이어진다. 다만 어른은 안 된다. 초등학생까지만 신청할 수 있다. 아이들의 반응은 열광적이다. 딱딱한 줄만 알았던 사찰이 물놀이장으로 변신하니 기가 막히지 않

백양사 연꽃아이 프로그램

을 리 없다. 대부분 '부모님께 말씀드려 내년에도 오겠다'는 재방문 의사
까지 밝힐 정도다.

풀장 템플스테이만큼이나 유명한 게 아토피 치유 템플스테이다. 이 프
로그램은 전라남도장성교육지원청과 함께한다. 원래 템플스테이 자체
가 디톡스 프로그램으로 진행되는 데다 천혜의 피톤치드를 머금은 백암
산 자락이니 아토피쯤은 절로 좋아질 법한 분위기다. 이곳에서 싱잉볼
연주와 함께 아토피 치유를 위한 오렌지와 라벤더를 활용한 천연 아로
마 오일 명상까지 진행된다. 자신을 오롯이 내려다보며 마음을 다스리는
과정은 요가를 통해 이뤄진다. 특히 이 과정의 핵심은 음식이다. 자연 재
료를 통해 건강과 면역력 증진에 도움을 주는 공양을 맛본다. 건강한 사
찰 음식을 맛보며 제대로 된 식습관의 중요성까지 배운다. '학생들이 정
갈하게 준비된 사찰 음식을 맛보며 건강한 식습관의 중요성을 배우게
된다. 명상을 통해 심리적 안정을 이루고 사찰 음식이 제공하는 자연의
맛과 치유의 가치를 직접 체험하는 게 가장 큰 매력'이라는 게 백양사
측의 설명이다.

선명상을 체험하는 당일형 프로그램도 인기다. 비자림 숲과 백양사 부
근 숲길을 주지 스님과 함께 걷고 수좌스님의 선강(달마어록)과 실참을 배
울 수 있다.

외국인들한테 특히 인기 있는 템플스테이도 있다. 넷플릭스 〈셰프의
테이블〉에 출연한 사찰 음식 명장 정관스님이 직접 진행한다. 참가자가
직접 음식을 만들지는 않지만 정관스님의 선적인 자연 밥상 강연과 시

사찰 음식 명장 정관스님

연을 볼 수 있는 귀한 프로그램이다.

　친환경을 표방하는 ESG 사찰답게 여름에는 1박 2일 친환경 템플스테이 '비자림' 프로그램을 진행한다. 비자림 걷기명상도 흥미로운데, 모든 체험이 친환경 콘셉트로 진행된다. 친환경 에코 백도 만들어 간다.

　늘 잔기침에 시달리는 나도 기어이 한 번 내려가봐야겠다.

📍 전라남도 장성군 북하면 백양로 1239

📞 061)392-0434

🏠 www.baekyangsa.com

예약 및 상세 정보

템플스테이 프로그램 정보

체험형 정관스님의 사찰 음식 수행과 선명상

정관스님의 사찰 음식 시연을 볼 수 있는 시간

- ⓦ 성인·중고생·초등생 16만 원
- ⓢ 1박 2일
- ▤ 사찰 안내, 예불, 공양, 명상, 산책, 사찰 음식 체험 등
- ⓢ 매월 7일 오전 다음 달 일정 오픈

휴식형 **멈춤비춤**

본래의 가장 자연스러운 편안함으로 쉬며 그저 존재하는 자유로운 시간

- ⓦ 성인·중고생 6만 원, 초등생 5만 원, 미취학 3만 원
- ⓢ 1박 2일
- ▤ 사찰 안내, 공양 외 자율형 프로그램

해양치유로 힐링하는
바다 템플스테이

신흥사 | 완도 |

──── TEMPLESTAY ────

新 / 興 / 寺

신흥사 전경

   강원도 양양 '낙산사'에 서핑 템플스테이가 있다면 완도에는 바다치
유 템플스테이로 완전히 뜬 사찰이 있다. 전남 완도 '신흥사'다. 여름 휴
가철 한 달간 무려 50여 명이 체험했다. 바다 템플스테이를 표방했는데,
이게 대박이 났다. 숲도 아니고 바다라니. 그것도 해양치유를 내세운 게
먹혀든 셈이다.

   완도군은 265개의 크고 작은 섬들이 군도로 이뤄져 있다. 사회 시간에
뇌즙을 짜며 외웠던 리아스식해안이다. 갯벌과 해조류가 숲을 이루고 바
다 밑에는 맥반석과 초석이 깔려 있어 자체 영양염류가 풍부하다. 우리

나라에서 가장 다양한 2,200여 종의 바다 생물이 서식하는 까닭이다.

사실 완도의 최대 매력은 미세 먼지 농도다. 전국에서 가장 맑다고 보면 된다. 해안선마다 갯벌이 형성돼 있고 연안 해역에 바다 숲(해조류)이 조성돼 이산화탄소를 흡수하고 산소를 뿜어낸다. 자연 바다 그대로 바다 정화 작용이 매우 뛰어나니 산소 음이온 농도가 도시의 50배가 넘는다.

요즘 완도가 미는 것도 수(水)치료다. 2023년 11월 문을 연 완도해양치유센터는 매일 200명이 넘는 힐링족이 찾는다. 국내 최초로 개관한 해양치유 시설로 해수, 해조류, 머드 등 해양자원을 활용해 건강을 증진할 수 있는 딸라소풀, 명상풀, 해조류 거품 세러피 등 16개의 세러피실을 갖추고 있다.

신흥사 역시 이 지점을 캐치했다. 우선 사찰의 역사부터 보자. 신흥사는 완도를 한눈에 내려다볼 수 있는 남망산 중턱에 자리하고 있다. 맑은 날이면 신지나 대둔산까지 눈에 비친다. 가진 절묘한 긴 위치다. 완도읍

완도해양지유센터

신흥사에서 바라보는 남해 바다

에서 차를 이용하지 않아도 닿을 수 있다면 믿어지는가. 완도군청에서
불과 800m 거리에 둥지를 트고 있다. 당연히 도심과 바다를 멀티로 볼
수 있는 몇 안 되는 사찰이다.

창건 역사는 100년이 채 되지 않는다. 비교적 새내기 수준인데, 그 원류는
신라 장보고 시대까지 거슬러 올라간다. 독실한 불자였던 장보고대사는
청해진에 머물 당시 '법화사'를 창건하고 완도 지역을 불교의 중심으로 우
뚝 세우며 불교문화를 꽃피운다. 이때의 영향으로 지금 완도 지역명의 대
부분이 중도리, 정도리, 불목리 등 불교 용어인 것을 알 수 있다. 이후 법화
사의 불교 문화유산은 고스란히 신흥사로 이어져 지금에 이른다.

완도 신흥사의 시그니처는 목조약사여래좌상이다. 400년 가까운 역
사를 지닌 소중한 문화유산으로, 전라남도 문화유산자료 제213호로 지

정돼 있다. 1628년 첫 조성된 목조약사여래좌상은 1845년 개금불사(조각에 금 옷을 입히는 작업)를 한 뒤 초의선사에 의해 자리하고 응송스님이 신흥사로 옮겨 봉안한 것이다. 완도 주민들에게는 치유와 희망의 상징이다.

가장 인기 있는 템플스테이 프로그램은 바다치유명상이다. 파도가 모래 발자국을 지우듯 고민을 털어내주는 과정이다. 전통문화 체험은 물론이고 바닷가 모래밭 포행과 몽돌해변 명상, 지역 특산품 선물 등의 체험기회를 준다. 아울러 바다치유 사찰답게 신흥사 템플스테이에 참여한 뒤 확인증을 지참하면 완도해양치유센터 이용 가격의 30%를 할인받을 수 있다.

신흥사 템플스테이의 핵심은 하절, 친절, 간절로 구성되는 3절이다. 하절은 마음 내려놓기, 친절은 전통문화의 숨결 느끼기, 간절은 행복 찾는 법 알기다. 이렇게 이뤄지는 3절의 과정을 통해 자신의 가치를 발견한다 그 결과 행복을 얻는 연쇄를 얻어가도록 유도하는 프로그램인 셈이다.

신흥사 템플스테이의 또 다른 매력은 다양한 완도의 핫 스폿을 볼 수 있다는 것이다. 완도를 한눈에 품을 수 있는 남망산에, 신지도 명사십리해수욕장과 완도정도리구계등, 이순신 장군이 전사하기 전 마지막으로 설치했던 삼도수군통제영 유적지, 남해안 제해권

신흥사 명상 체험

과 해상무역을 장악했던 장보고대사 유적지, 조선 명필가 원교 이광사를 기리는 이광사 문화거리 등이 모두 체험 소재다.

청산도슬로길(세계 슬로길 제1호)은 드라마 〈봄의 왈츠〉, 〈여인의 향기〉, 〈서편제〉 촬영지로, 그곳에서 아리랑을 외치고 보길도에서는 고산 윤선도 선생의 조선 가사 문학 〈어부사시사〉를 이해한다. 모래 우는 소리가 10리에 걸쳐 들린다는 은빛 백사장이 펼쳐진 명사십리해수욕장에서 뜨거운 모래찜질도 할 수 있다. 통일신라시대 황실의 녹원지로 지정된 완도정도리구계등의 작은 돌에서 아름다운 해조 음향을 만끽한다. 그리고 장도청해진장보고유적에서 해상왕 장보고대사의 청해진 업적을 이해

신흥사 명상 체험

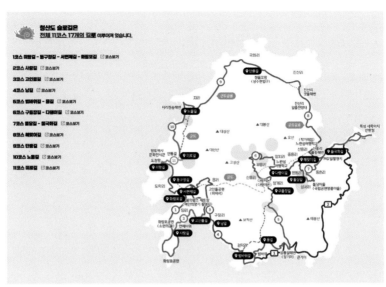

청산도슬로로길 ©완도군청 사이트

하고 해양 개척 정신을 고취한다.

주지 스님의 지론은 하나다. 주변에 볼거리가 많아도 온전히 자신을 볼 수 있게 자신만의 시간을 선물하는 기회가 되길 바란다는 것이다. 사실 인생을 살면서 평생 남만 보고 사는 이도 많다. 남과 비교하는 순간 지옥이 펼쳐지는 법인데.

📍 전라남도 완도군 완도읍 청해진남로 101-1
📞 010-4181-6499

템플스테이 프로그램 정보

체험형 마음의 평안

마음의 근육을 키우고 믿고 행동하는 선명상 템플스테이

- ⓦ 성인·중고생 7만 원
- ◎ 1박 2일
- 📖 사찰 안내, 예불, 공양, 포행, 차담, 타종 체험, 명상 등
- ✅ 참가자 5인 이하 시 자율 수행

체험형 참선 수행 템플스테이

스님의 참선 수행 정진을 경험할 수 있는 시간

- ⓦ 성인 20만 원
- ◎ 2박 3일
- 📖 사찰 안내, 예불, 공양, 포행, 차담, 타종 체험, 명상, 108배, 소원등 달기, 연등 만들기, 지역 문화 탐방 등

휴식형 만만(卍滿)한 휴식

푸른 다도해가 한눈에 펼쳐진 시원한 산자락에서 진정한 아름다움을 발견하고 소통의 관계를 회복할 수 있는 시간

- ⓦ 성인·중고생 5만 원, 초등생 4만 원
- ◎ 1박 2일~15박 16일(가격 상이)
- 📖 사찰 안내, 공양 외 자율형 프로그램

휴식형 나를 찾는 장기 휴식 템플스테이

심신의 피로를 해소하고 삶의 의미를 찾아 실현해가며 행복의 수준을 높이는 나를 위한 진정한 여행

- ⓦ 성인 5만 원
- ◎ 1박 2일~20박 21일(가격 상이)
- 📖 사찰 안내, 예불, 공양 외 자율형 프로그램
- ✅ 독방 사용

기차 타고
절로 힐링!

템플트레인

── TEMPLESTAY ──

템/플/트/레/인

'뉴진스님' 개그맨 윤성호도 놀라 자빠질 힙한 힙플스테이가 있다. MZ들의 입맛에 맞게 튀는 콘셉트로 사찰 문화를 알리는 차원이다. 사실 MZ들도 힘들다. 좁아터진 취업문에, 천정부지로 치솟은 집값에 삶은 더 팍팍하다. 이들이 힐링 코스로 택한 빅3 힙플스테이 코스니 끌린다면 달려가자.

나는 절로 기차 타고 간다 | 템플트레인

이거 끝내준다. 딱 MZ 취향 저격이다. 당일 코스고 심지어 교통편 걱정 한 방에 날리는 기차 여행이다. 게다가 충북, 충남, 경북 권역의 명찰 스테이만 골라서 찍어준다. 한정판이라는 것도 흥미롭다. 1년 중 딱 한 번 코레일관광개발이 선을 보였다.

첫 스타트는 2024년은 6월 8일, 그것도 딱 한 번이었다. 코레일관광개발이 전국 템플스테이 사업을 운영하는 한국불교문화사업단과 함께 당

일 코스로 선보인 '템플스테이 테마 기차여행'이다. 이름하여 '템플트레인'이다. 과연 얼마나 많은 MZ가 몰려갔을까? 결론부터 말하면 첫 시도였던 템플트레인은 사실상 대박이었다. 딱 하루 철도 운행에 이용자 수는 무려 300여 명이었다.

  템플스테이를 가고 싶었지만 긴 일정은 다소 부담스러웠던 이들이 놀랍게도 딱 1일 패키지 코스에 몰린 셈이다. 그렇다고 정적인 동선은 절대 아니다. 인근 관광지, 휴양지와 엮어 무려 8개 코스가 대기한다. 당일 템플스테이 면면도 화려하다. 그야말로 충북(영동, 청주), 충남(공주, 금산), 경북(구미, 김천) 권역의 드림팀이다.

  호랑이 사찰로 불리는 '반야사'도 그중 하나다. 와인과 국악의 고장 충북 영동의 반야사는 호랑이가 사는 절집으로 유명하다. 호랑이가 사는 곳은 반야사 뒤 배화산 자락이다. 산에서 흘러내린 너덜들이 쌓인 모습이 영락없이 호랑이를 닮아 있다. 꼬리를 바짝 치켜세워 용맹까지 드러낸다. 묘한 건 이곳 스님들은 호랑이 대신 사자로 여긴다는 것이다. 이유가 있다. 반야사는 문수보살이 머무는 곳이다. 문수 신앙에서는 문수보살이 사자를 타고 출현한다고 알려져 있다. 초원이 아닌 백화산 숲에

사는 사자의 이미지가 어색하기는 하지만 신앙의 눈으로는 사자일 수밖에 없을 터다. 절집 인근에 달이 머무는 봉우리인 월류봉과 함께 그 유명한 와인 족욕 명당인 영동와인터널까지 둘러보는 코스다.

충북의 설악, 천태산에 자리 잡은 '영국사' 템플스테이도 가볼 만하다. 옥계폭포, 레인보우힐링센터를 인근 관광 포인트로 엮었으니 재미가 2배다. 〈더 글로리〉의 그곳, '용화사' 템플스테이는 원래 핫한 코스다. 초정행궁, 문화제조창 등 다양한 관광 스폿을 연계해 여행의 재미를 더했다는 평가다.

충남 지역은 '나에게 찍는 쉼표'를 테마로 하고 있다. 공주 '갑사' 템플스테이(염주 만들기), 몸과 마음이 편안해지는 금산 '신안사' 템플스테이(깻잎 쿠키 만들기), 공주 한국문화연수원 '마곡사' 템플스테이(에코 백 만들기) 등 당일에 즐기는 체험 프로그램이 압권이다.

경북 지역 템플스테이는 자연을 품을 수 있는 관광지를 연계한 게 매력이다. 시원한 냉산에서 즐기는 템플스테이 투어 '도리사'는 금오산케이블카를 함께 묶어 반응이 좋다. 경북 구미시와 칠곡군, 김천시의 경계를 이루는 금오산은 높이 976.5m로 제법 높은 편이다. 노약자나 등산 초보자라면 쉽게 오를 수 없지만 케이블카가 놓이면서 누구나 부담 없이 산을 품는다. 1974년 개통한 총 길이 805m짜리의 금오산케이블카는 '해운사'가 있는 산 중턱까지 편도 약 6분이면 닿는다. 이 케이블카의 시그니처는 양쪽으로 개방된 창문이다. 시원한 바람과 탁 트인 전망을 오롯이 몸에 심어둘 수 있다. 푸른 산자락과 대비되는 붉은색 외관도 이국적인 느낌이다.

BTS의 RM이 다녀가면서 유명세를 타고 있는 '직지사'는 '특별하게 쉼'이라는 테마로 힐링을 선사한다. 특히 국립김천치유의숲이 연계돼 있으니 걸으면서 스트레스를 날릴 수 있다.

✖ 템플트레인 즐기는 법

모든 일정은 서울역에서 오전 7시 40분경 출발하는 템플스테이 전용 테마 열차인 팔도장터관광열차(영등포, 수원, 평택, 천안, 대전 경유)를 탑승한 뒤 시작한다. 각 목적지로 이동해 프로그램과 관광을 즐기고 돌아오는 일정이다. 템플트레인 비용은 1인당 8만 3,000원부터다. 왕복 열차료, 관광지 간 연계 차량비(버스), 템플스테이 참가비, 체험비, 관광지 입장료 등이 모두 포함돼 있다. 식사가 제공되는 코스도 있으며 참가자 전원에게는 온누리상품권 1만 원권도 제공한다. 일반 템플스테이 1박 2일 코스가 7, 8만 원 선인 것과 비교하면 가성비 갑이라고 할 수 있다. 자세한 일정 확인 및 예약은 코레일관광개발(www.korailtravel.com) 사이트를 참고하면 되고 2024년 한시적으로 운영했다. 언제 또 프로그램이 열릴지 모르니 관심이 있다면 지켜보도록 하자.

캠핑하며
절로 힐링!

캠플스테이

──── · TEMPLESTAY · ────

캠/플/스/테/이

캠핑과 템플스테이를 동시에 | 캠폴스테이

   캠핑과 템플스테이가 뭉쳤다. 정말이지 절묘한 결합이다. 아예 캠핑까지 묶어 사찰로 MZ족을 유혹하고 나선 곳은 충남 서산의 '보원사'다. 기존 사찰 중심의 템플스테이를 넘어 배낭을 메고 산에 오르는 하이커나 백패킹에 대한 관심까지 흡수하면서 캠플스테이는 확산 조짐이다.

   백패킹으로 대박을 터트린 대표 사찰이 보원사다. 참가자들은 이틀간 사찰 인근의 총 15km를 하이킹하며 보원사에서 하룻밤을 보낸다. 그냥 자는 것도 아니다. 사찰에서 대여해준 텐트를 법당 잔디밭에 설치한다. 취나무두부쌈 등 사찰 음식 만들기를 체험하면서 자연스레 템플스테이로 연결된다. 저녁에는 공방에서 서원탑을 만들고 아침에는 스님과의 차담에 이어 오층석탑 앞에서 필라테스를 진행한다.

보원사지 오층석탑 앞 참가자들

313

보원사지 잔디밭 캠프 사이트

하이킹은 제법 난이도가 있다. 보통 1일 차에 '개심사-백암사지-보원사'까지 11.2km (난도 상, 4시간) 코스를 거쳐야 한다. 가야산 주변 4개 시·군이 함께 조성한 내포문화숲길을 무대로 펼쳐진다. 그중에서도 불교를 주제로 한 원효깨달음길이 하이라이트다. 이거 꽤 힘들다. 원효대사에게 이런 험난한 산을 오르내려서 깨달음을 얻으신 건지 묻고 싶어질 정도다. 경사는 가파르지만 녹음을 만끽하는 재미가 있다. 숨이 턱까지 차오를 무렵인 오후 4시쯤이면 목적지인 보원사에 닿는다.

시원한 연꽃 차 한 잔으로 목을 축이고 나면 바로 텐트 피칭이다. 캠프 사이트는 법당 뒤편이다. 보원사지 오층석탑이 한눈에 들어오는 잔디밭이다. 보원사에서 빌린 텐트를 뚝딱 설치하고 잠깐의 꿀맛 휴식을 맛본다.

그리고 이어지는 게 사찰 음식 만들기 체험이다. 해가 진 저녁 시간에는 보원사 연등 공방에서 서원탑 만들기가 진행된다. 찰흙이 아닌 도자기 흙으로 자신만의 탑을 빚고 서원을 새기는 프로그램이다.

둘째 날은 아침 공양 직후 차담으로 하루가 열린다. 이어지는 마지막 프로그램이 그 유명한 오층석탑 앞 필라테스다. 참가자들의 호평이 이어지는 최고의 코스다. 상상해보라. 다양한 문화유산이 펼쳐진 곳의 드넓은 잔디밭을 전세라도 낸 듯 활용하니 웬만한 필라테스와는 차원이 다를 수밖에 없다.

마지막은 맨발 잔디밭 걷기다. 흙 밭과는 또 다른 맛을 발바닥에 선사한다. 여기서 방심하면 안 된다. 끝이 아니다. 이 코스 잊었는가. 백패킹이라는 것. 남은 건 보원사에서 다시 '개심사'로 넘어가는 일이다. 그나마 다행인 건 난도를 낮춰준다는 것이다. 이유가 있다. 하이킹 도중 눈에 보이는 쓰레기를 줍는 플로깅을 위해서다. 사실 백패킹의 배낭에는 자신이 책임질 수 있는 만큼의 물건만 넣어야 한다. 필요할지도 모른다는 불안함으로 잔뜩 다른 물건을 넣다 보면 정작 산을 오르다 힘들어 포기하게 된다. 그렇게 하나둘 쓸모없는 물건을 버린다. 삼독의 첫째인 탐심을 내려놓는 것이다. 그저 비우는 것, 그게 불도의 다인 것을 비로소 깨닫게 된다.

✖ 보원사 캠플스테이 즐기는 법

첫선을 보인 게 2023년 봄이다. 대박이 나면서 매년 호평이 이어지고 있다. 사찰에서만 머무르는 것이 아닌 자연 전체와 깊게 호흡하면서 불교문화를 느낄 수 있다는 점이 특징이다. 2024년 상반기에는 총 3차례 캠플스테이 모집이 이뤄졌다. 1회당 최대 15명 정도가 모였다. 하이킹을 하면서 산에 버려진 쓰레기를 줍는 클린 하이킹에 참여한다. 이와 함께 보원사지에서 즐기는 캠핑, 사찰 문화 체험 프로그램, 숲속 필라테스, 연잎 차 다도 등 일정이 준비돼 있다. 캠플스테이에 참여하고 싶다면 협동조합 내포전법이 운영하는 인스타그램(@naepojb)을 통해 신청하면 된다.

저스트비 홍대선원 　서울특별시 서대문구

도선사 　서울특별시 강북구

칠장사 　경기도 안성시

미륵사 　충청북도 증평군

보문사 　인천광역시 강화군

CHAPTER

10

번외 편!

템플인 듯 템플 아닌
템플 같은 스테이

템플스테이 번외 편이다. 우리가 흔히 알고 있는 템플스테이 프로그램은 한국불교문화
사업단에서 총괄 운영한다. 번외 편 사찰들은 한국불교문화사업단 템플스테이 프로그램
과는 관련이 없고 개별 사찰이 따로 진행하는 코스다. 나름 재미있다. 끌리면 가보길.

홍대 클럽 뺨치는
홍대 한복판 힙플

저스트비 홍대선원

───── TEMPLESTAY ─────

서울 도심 속 대표적 핫플인 홍대에 초고속 흐름 속에서 그저 '그대로 두라… 저스트 비Just be'를 부르짖는 놀라운 선원이 있다면? 사찰의 사촌 동생 격인 선원, 거기다 템플스테이 사촌 격인 명상스테이를 주창하고 있는 곳은 서대문구에 있는 '저스트비 홍대선원'이다. 템플스테이보다는 훨씬 자유로운 분위기다. 선원은 게스트 하우스와 템플스테이 모두를 결합한 트리플 콤보의 놀라운 곳이다.

가는 법은 어려울 것 없다. 서울 지하철 2호선 홍대입구역에서 불과 300m 정도 거리다. 그저 인생 복잡할 때, 짜증날 때, 안정이 필요할 때, '저스트 비' 하고 싶을 때 문을 열고 들어가면 된다.

이곳 주지는 준한스님이다. 인연이라는 게 참 묘한 법이다. 돌연 교통사고를 당하며 출가를 결심한 뒤 2020년경 보림保任(깨달은 뒤 더욱 갈고닦는 불교 수행법) 1,000일 기도를 얼마 안 남기고 한 불자를 만난다. 당시 홍대에서 게스트 하우스를 운영하던 이 불자는 업이 어렵다며 하소연을 하는데, 그 순간 운명처럼 시절 인연이 시작된다. 준한스님이 덜컥 임대 계약을 맺어버린 것이다. 그 뒤 가장 동적인 공간인 서울 속 홍대와 가장 정적이어야 할 선원의 놀라운 동거(?)가 시작된다.

결과는? 성공적이었다 홍대선원은 클럽발에 힘입어 글로벌 명성을 얻으며 승승장구한다. 엔데믹 분위기의 2023년 한 해 동안 40여 개국, 6,000여 명이 방문했을 정도다. 심지어 대부분이 MZ세대다. 준한스님은 "대부분 삶의 의미와 자아를 찾는 20, 30대 젊은이들"이라며 "자원봉사자 50여 명 중 상당수가 이렇게 다녀간 게 인연이 된 외국인이다"라고 담담하게 말한다. 이런 선한 영향력 덕에 구글에서는 선한 영향력을 발휘하는 비영리단체로 인정해 검색창 상단에 올려주는 지원도 받고 있다.

하필이면 왜 한국에서 가장 복잡한 곳, 떠들썩한 곳, 힙한 곳 홍대였을까? 그것도 홍대 한복판에 '그대로 두라'는 의미의 '저스트 비' 선원까지 내다니. 준한스님은 주저함 없이 말한다. 명상의 궁극적 목표는 명상하지 않고 있을 때도 자신의 마음이 흔들리지 않고 편하게 있을 수 있도록 하는 것이라고 한다. 오히려 또 반문한다. 삶의 대부분인 일상생활이 도시에서 이뤄지는데, 멀리 떨어진 산속에서만 명상이 제대로 된다면 곤란하지 않느냐고 한다.

건물도 압권이다. 고즈넉한 사찰? 꿈도 꾸지 마라. 지하 1층부터 지상

저스트비 홍대선원 명상 체험

5층까지의 건물이다. 그곳에 법당, 공양간인 비빔라운지, 로비 겸 카페인 티텐딩(티를 만드는 사람은 티텐더라 부른다), 객실 사무실, 명상 및 요가 공간 등이 짜임새 있게 자리 잡고 있다.

외국인 방문이 잦은 만큼 공양도 끝내준다. 식사를 하는 공양간 이름이 비빔라운지다. 한국뿐 아니라 세계 각국의 다채로운 채식 음식이 제공된다. 각국의 젊은이들이 차를 마시며 자유롭게 대화를 나누는 티 테이블은 놀랍게도 무료다. 그렇다고 무늬만 카페도 아니다. 품질과 종류가 웬만한 전문 티 하우스 못지않다. 홍대선원을 응원하는 전국 사찰들과 스님들이 무료로 차를 보내주기 때문이란다.

홍대 한복판에 둥지를 튼 사원답게 템플스테이 프로그램도 자유롭고

저스트비 홍대선원 차담

321

싱잉볼 체험

힙하다. 첫 번째는 선명상이다. 저스트비라는 선원의 이름처럼 마음을 그대로 두는 법을 익힌다.

두 번째는 소리명상이다. 이 세션은 1시간 정도 이어진다. 깊은 평온과 내적 조화로 몰입 효과를 볼 수 있다. 싱잉볼의 울림은 몸과 마음에 평화로운 진동을 주고 일상의 스트레스를 풀어준다. 깊은 안락함과 마음챙김 상태를 유도해주는 셈이다. 이게 노리는 효과도 있다. 비언어적 의사소통의 아름다움을 느껴보라는 의미다.

세 번째 코스는 태극권이다. 유柔에서 강强으로 흐르는 기의 무예를 통해 선과 태극권의 하이브리드 효과를 볼 수 있다.

네 번째가 시그니처인 프리 댄스다. 프로그램 이름도 '몸을 흔들어보세요'다. 글자 그대로 즉흥 댄스 세션인 셈이다. 몸과 마음을 접촉하고 다른 사람과 소통하는 방법을 익히는 과정이다. 감각을 발달시키고 명상적인 흐름을 만드는 데 도움을 준다는 게 선원의 설명이다.

다섯 번째는 드로잉 세션이다. 그림은 마음을 집중시키고 이완시키는 기능을 한다. 마음을 열고 내면의 예술적 끼를 발산하는 데 중점을 둔다.

준한스님은 강조한다. 동네가 워낙 핫플이다 보니 자기 분야에서 독특한 내공을 가진 숨은 고수를 많이 알게 됐다고. 춤명상이라는 독특한 명상도 그런 인연으로 하게 됐다고 설명한다. 평소 어떻게 하면 현대인의 굳은 마음을 풀어줄 수 있을지 방법을 고민하던 차에 한 댄서가 춤명상을 제안한 것이다. 일종의 현대무용 같은 동작을 따라 하는 과정이다. 마음이 굳으면 몸도 딱딱해지는 법이다. 역으로 몸을 부드럽게 움직이면서 마음을 풀어주는 게 핵심이다.

요란해 보여도 이 선원의 마무리는 늘 한결같다. 요동치는 마음을 그대로 두고(저스트 비) 보면 그 흥분이 그저 흘러갈 뿐이라고. 그게 선의 핵심이라고.

📍 서울특별시 서대문구 신촌로3가길 8-3
📞 010-5707-2423
🏠 www.justbetemple.org/ko
📷 @justbe_temple
✉️ reservations@justbetemple.org

예약 및 상세 정보

템플스테이 프로그램 정보

🕐 365일(09:00~22:00) 오픈
📋 선명상, 소리명상, 태극권, 프리 댄스, 드로잉, 요가, 다도 등

소원 자판기부터 엘리베이터까지!
첨단 시스템 사찰

도선사

──── TEMPLESTAY ────

道 / 詵 / 寺

템플스테이인 듯, 템플스테이 아닌, 템플스테이 같은 곳. 사찰까지 안내하는 첨단 총알 셔틀과 소원 자판기, 게다가 통유리 엘리베이터 이동이라면 어떤가. 템플스테이인 듯하면서 템플스테이가 아니다. 하지만 템플스테이를 쏙 빼닮은 곳은 서울시 강북구 우이동의 '도선사'다.

도선사는 아쉽지만 템플스테이 프로그램을 운영하지 않는다. 그런데 특별한 소원 명당으로 연말연시 인산인해를 이룬다. 왜일까? 특이한 소원 핫플이어서다. 불교에서는 범인들의 소원을 들어주는 분을 관세음보살이라 칭한다. 전국에는 이 관세음보살이 핵심인 33곳의 관음 성지가 있다. 아예 자비와 지혜를 안겨주는 여행 로드를 테마로 엮어 33관음성지순례길을 만들어두고 있다.

사찰의 특성은 크게 3가지다. 화엄 사상을 표방하는 화엄 사찰이 첫 번째다. 아미타 부처와 미륵 부처의 세계를 그리는 정토 사찰도 그중 하나다. 마지막 넘버 쓰리가 관세음보살의 대자비를 간구하는 관음 도량이다.

관음 성지는 관음 신앙에 기초한 전통 가람 구성의 기본적 당우를 갖춘 자격의 사찰이다. 여기서 잠깐, 심화 학습 단계로 들어가보자. 관음 신앙이 뭘까? 관세음보살을 신봉하는 불교 신앙이라 보면 된다. 관세음보살은 부처지만 중생을 구제하기 위해 부처의 자리를 버리고 보살이 되어 중생을 구제한다. 현실의

도선사 석불전

325

재현이 33가지의 형상으로 나타난 것이다. 순례길은 전국에 이 33가지 형상을 상징화한 33곳의 관음 성지를 두루 훑어본다. 당연히 이 관음 성지 한 곳 한 곳이 소원 명당이다. 우이동에 둥지를 튼 도선사는 한마디로 '총알 소원 명당'이다.

862년 도선국사가 창건했으니 역사만 무려 1,000년이 넘는 고찰이다. 하지만 이곳이 뜬 건 놀랍게도 첨단 시스템 덕이다. 우선 도선사까지 가는 법은 셔틀버스를 이용하는 것이다(물론 절 앞에도 주차장이 있다. 하지만 대부분 북한산 입구 주차장에 주차한 뒤 셔틀버스로 간다). 심지어 주차장 대합실도 있다. 대합실은 이름하여 '청혜도원青慧道園'이다.

도선사 청혜도원(위)과 이디야커피(아래)

새벽 5시 10분부터 15~30분 간격으로 촘촘히 배차가 이뤄진다. 수능 철이나 연말연시면 대합실도 인산인해다. 지루하면 바로 옆 이디야커피 카페에서 쉰다. 더 놀라운 건 이곳의 이름이다. 그냥 이디야커피가 아닌 '도선사 이디야커피'다. 말이 되는가. 프랜차이즈 브랜드에 도선사가 박혀 있다니. 사연인즉 이렇다. 이곳 오픈식 때 도선사 주지 송산도서스님까지 총출동해 대박 기원을 해주셨다는 것이다. 심지어 수익금도 사찰에 일부 기부된다.

총알 소원 명당답게 셔틀에 오르면 끝이다. 5분여를

지나면 바로 도선사 일주문 앞이다. 왼편 나무 데크 길을 따라 3분쯤 오르니 본당이다. 지금부터가 중요하다. 일단 소원 명당인 만큼 순서가 있다. 1차 기운을 받아야 할 곳은 포대화상이다. 미륵보살의 화현으로, 익살맞은 스님이 하회탈 얼굴로 불룩 나온 배를 내민 채 호탕하게 웃는 2m 남짓 높이의 석조 조형물이다.

주의 사항도 있다. 함부로 빈다고 소원이 들어지는 게 아니다. 소원 비는 법이 딱 써 있다. 포대화상의 기운을 빔는 포인트는 배꼽이다. 불룩 나온 배에 기가 모이는 배꼽에다 엄지손가락을 대고 왼쪽에서부터 시계 방향(반드시 시계 방향으로 해야 한다)으로 3회전하면서 소원을 빌면 된다.

2차 소원 포인트는 그 유명한 소원 자판기다. 이 명칭이 붙은 건 이유가 있다. 자판기가 소원 비는 데 필요한 양초와 쌀을 뿜어낸다. 전자동인 셈이다. 심지어 자판기 위치는 이곳 최고의 영험함을 자랑하는 석불전 아래쪽이다. 양초 자판기, 심지어 가격도 천차만별이다. 3,000원부터 1만 원이 넘는 양초까지 자판기 번호만 누르면 입맛대로 나온다. 그 옆 자판

327

기는 공양미 자판기다. 한마디로 '첨단 대박'이다. "작동 불량 시 경비처 사께 연락하세요"라는 친절한 안내문도 붙어 있다.

이곳에서 양초를 뽑은 뒤 소원을 빌러 가는 곳이 그 유명한 석불전이다. 세로 4m가 넘는 석불이 부조 형태로 새겨진 곳인데, 수능 합격 명당으로 전국적인 입소문을 타면서 줄을 서서 절을 해야 하는 바로 그 포인트다. 진짜 첨단은 이곳을 오르는 법이다. 잘 모르는 분들은 계단을 정성껏 밟고 올라 기도를 하지만, 천만에다. 이곳을 제대로 즐기려면 뒤쪽 석탑 앞 엘리베이터를 타고 올라야 한다. 심지어 그 엘리베이터는 통유리다. 문까지 유리로 된 첨단 리프트다. 사실 이 엘리베이터는 몸이 불편한 처사들을 위한 것이다. 부드럽게 올라가는 엘리베이터의 탄 곳과 반대 방향 문이 열리면 바로 석불전 마당이다.

소원을 빈다는 행위에는 응당 정성이 들어가야 한다. 오대산 '월정사'에 갈 때 지름길을 두고 굳이 에둘러 돌아 돌아 먼 길을 택하는 것도 정성을 들이기 위해서다. 한데 이곳은 정반대다. 오히려 첨단과 편의성으로 시선 강탈이다. 자판기에서 소원 양초를 뽑아 엘리베이터를 타고 빌다니. 뭐 어떤가. 관세음보살님도 연말연시에는 몸이 10개라도 모자랄 테니. 이런 총알 방식, 대박이다.

○ 서울특별시 강북구 삼양로173길 504
○ 02)993-3161
○ www.doseonsa.org

33관음성지순례란?

전국 33곳의 관음 성지를 도는 것이다. 정식 명칭은 '한국전통 사찰순례'다. 한국의 관음 성지는 4대 관음 사찰로 불려온 강화도 '보문사', 양양 '낙산사', 여수 '향일암', 남해 '보리암'을 비롯해 '조계사', '용주사', '수덕사', '마곡사', '법주사', '금산사', '내소사', '선운사', '백양사', '대흥사', '송광사', '화엄사', '쌍계사', '동화사', '은해사', '해인사', '직지사', '고운사', '기림사', '불국사', '통도사', '범어사', '신흥사', '월정사', '법흥사', '구룡사', '신륵사', '봉은사', '도선사' 33곳이다.

인장첩

각 사찰은 성지순례를 기념할 수 있도록 4개의 도장을 준비하고 있다. 사찰을 방문할 때마다 관음 성지의 순번, 고유 이름, 사찰 대표 이미지가 새겨진 인장(印章)을 받을 수 있다. 순례 책자(인장첩)에 인장을 채워 가면서 소원을 빌면 끝이다. 인장첩은 템플스테이 통합정보센터(서울특별시 종로구 우정국로 56)에서 구입할 수 있으며 가격은 2만 5,000원이다.

33관음성지순례 회향식

한국불교문화사업단은 매년 관음 성지 사찰 33곳을 순례하며 날인을 완성한 사람들에게 회향식 운영 및 회향증서를 수여한다. 순례완료증이라고 보면 된다. 공식 인장첩에 33개 사찰 인장을 모두 날인해야 순례 완료로 인정한다(개인 수첩 및 지도 등은 인정 불가).

소원 성취하러 떠나는
합격 명당

칠장사

— TEMPLESTAY —

七 / 長 / 寺

소원에도 종류가 있다. 시험을 앞둔 수험생이라면 무조건 찾아야 하는 템플스테이 사찰은 경기도 안성의 '칠장사'다. 불행해서 도저히 힘들다는 분들도 주목하라. 놀랍게도 러키세븐이 여러 번 겹치는 곳이니까.

칠장사 대웅전

어딜까? 이런 멋진 템플스테이가 있는 사찰은 경기도 안성 칠장사다. 이곳은 모든 게 앙증맞다. 칠장사 입구 주차장에 주차하면 걸어서 딱 1분이다. 사찰 크기도 앙증맞다. 삐죽 고개를 쳐든 처마 뒤로 앙증맞은 오솔길이 객을 맞는다.

칠장사는 대한불교조계종 사찰, 경기도 문화유산자료 제24호, 신라 고승 자장율사가 648년 창건했고 고려시대 혜소국사가 크게 중창했다고 전해진다. 1383년 왜구의 침입으로 충주 '개천사'에 뒀던 사적을 이곳에 옮긴 적이 있다. 창건된 시 200년가량 냈을 때 불타서 없어진 이곳을 중건한 건 연산군이다. 이후 숙종과 영조 때 다수의 이축과 증축을 거쳐 지금에 이르렀다. 경내에는 대웅전, 사천왕문, 원통전, 명부전, 나한전 등을 비롯해 12동의 건물이 있다.

그 유명한 칠장사의 합격 핫 스폿은 나한전이다. 나옹스님이 심었다는 소나무와 자연 암반 사이에 앙증맞게 둥지를 튼 반 평짜리 법당이다. 그 유명한 7나한(혜소국사가 교화시킨 7도적)의 동자상을 모셨다 한다.

수능을 포함한 시험 합격 명당이 돼버린 사연도 흥미롭다. 그 유명한

칠장사 나한전

어사 박문수 때문이다. 과거에서 수없이 물을 먹었던 박문수가 마지막 도전(?) 장소로 거쳐 간 곳이 이곳이다. 어머니가 조청으로 만들어준 유과를 이곳 나한전에 공양했는데, 묘하게도 그날 꿈에 과거 시험 시제가 그대로 나왔다고 전해진다. 그 유명한 〈몽중등과시〉의 설화다. 이해를 돕기 위해 박문수가 꿈에서 계시를 받은 7줄의 시험 답안을 소개하겠다.

낙조토홍괘애산落照吐紅掛崖山 : 넘어가는 해는 붉은빛을 토하면서 푸른 산에 걸렸는데
한아척진백운간寒鴉尺盡白雲間 : 찬 하늘 갈까마귀는 자로 재는 듯 흰구름 사이로 날아가네
문진행객편응급問津行客鞭應急 : 나루터를 묻는 나그네 말채찍은 빨라지고
심사귀승장불한尋寺歸僧杖不閒 : 절을 찾아 돌아오는 중의 지팡이는 한가하지 않구나
방목원중우대영放牧園中牛帶影 : 방목을 하는 들판에는 소의 그림자가 길게 드리우고
망부대상첩저환望夫臺上妾低鬟 : 남편을 기다려 높은 누대 위에 섰는 아내

332

의 쪽그림자가 낮다

　창연고목계남로蒼然古木溪南路 : 푸른 고목이 들어선 냇가 남쪽 길에는

　단발초동농적환短髮草童弄笛還 : 단발한 초동이 피리를 불며 돌아오더라

　이 탓일까. 지금도 수험생 자녀를 둔 부모들은 이곳에 돈이 아닌 조청이나 과자를 공양하고 기도를 한다. 과자에 둘러싸인 나한이라, 우스꽝스럽지만 어찌됐건 효험은 있다니.

　합격의 행운, 나는 러키세븐의 효험으로 분석한다. 칠장사가 세워진건 '7세기' 중엽이다. 원래 아미산으로 불렸던 이곳에 수도하던 혜소국사가 하필이면 '일곱(7)' 악인을 교화 제도했다고 한다. 그래서 산 이름은 '칠(7)현七賢'이요, 절 이름은 '칠(7)장七長'이다. 러키세븐이 4개나 겹친다. 나한전에서 기도한 뒤 잠자리에 들었는데, 꿈에 부처님이 나타나 과거 시험 시제와 함께 알려준 시구도 놀랍게 '7줄'이다.

　임꺽정의 흔적도 묻어 있다. 벽초 홍명희의 소설《임꺽정》에서 7넝의 의적이 찾아들어 의형제의 결의를 맺은 장소가 바로 칠장사다. 드라마 〈임꺽정〉의 촬영 장소도 이곳이다.

어사 박문수 합격다리

또 하나 합격 포인트가 있다. '합격다리'라는 애칭이 붙은 '어사 박문수 합격다리'다. 이곳에는 갖가지 소원이 적힌 형형색색의 리본들이 바람에 나부끼고 있다. 리본에는 시험 합격 기원을 포함해 건강과 사업 등 소중한 소원들이 적혀 있다. 다리 앞 푯말에는 설명도 있다. 지난 1723년 과거 수험생 박문수는 두 번의 낙방 끝에 오늘날 문과 수시의 SKY라고 할 수 있는 진사과에 당당히 수석 합격했다. 25세 때부터 도전한 시험을 8년 만인 32세의 3수 끝에 장원급제한 셈이라는 문구다.

합격다리를 건너면 바로 칠현산이다. 이곳에는 어사 박문수 길이 펼쳐져 있다. 간절함을 담아 쓰리 콤보 코스(나한전+어사 박문수 합격다리+어사 박문수 길)까지 거치면 누가 아나. 정말 덜컥 합격할지 말이다.

잊을 뻔했다. 이곳 템플스테이는 비정기적인 체험형과 휴식형이 있다.

팔봉산 흔들바위

특히 단풍 절경일 때는 무조건 방문해볼 것.

경기도 안성시 일죽면 죽림리 종배마을 일원을 둘러싼 팔봉산(죽산 성지 뒤편)에는 또 하나의 소원 핫플이 있다. 바로 흔들바위다. 하단부 높이는 2.1m, 둘레는 10.4m나 된다. 웅장한 생김새며 바위 위에 턱 걸터앉은 폼이 설악 계조암 것보다 낫다는 게 관람객들의 평가다. 예전 팀스피리트훈련을 하던 미군 9명이 이 바위를 떨어트리려 온 힘을 다했는데, 결국 실패했다고 전해진다.

템플스테이, 심지어 소원을 이루기에는 그야말로 '안성'맞춤인 사찰이 안성 칠장사다.

📍 경기도 안성시 죽산면 칠장로 399-18

📞 031)673-0776

🏠 www.chiljangsa.org

댕댕이와 함께하는
댕플스테이

미륵사 |증평|

───── TEMPLESTAY ─────

彌／勒／寺

댕댕이와 함께 템플스테이를 한다고? 말도 안 될 것 같은 댕플스테이, 이게 대박이 났다. '부처 핸섬'을 외치는 뉴진스님 인기 뺨친다. 2024년 5월 충북 증평 '미륵사'에서 과감하게 첫선을 보인 뒤 6월에 2회 차 프로그램은 접수 시작 단 30초만에 완판 신화를 세웠다. 깊은 숲속 사찰에 묵는 템플스테이 프로그램이 초 단위로 마감된

댕플스테이 참가자

건 사상 처음이다. 뜨거운 인기 속에 댕플스테이는 매월 1회씩 진행되고 있다.

SNS 반응도 폭발적이니. 포스팅 즉시 인싸 반열에 오를 정도다. SNS와 블로그 등에 포스팅된 견생 숏들은 정말이지 놀랄 정도다. 앙증맞은 개들이 사찰 수련복을 입고 단주 모양의 목걸이까지 찬다. 108배를 할 때도 옆에 조용히 있어 있다. 참가자들 역시 친사 일색이다. 도심 속 개가 잔디를 밟을 소중한 기회라는 반응부터 천혜의 자연환경 사찰 속에서 반려견과 좋은 추억을 남겼다는 등 높은 만족도와 재방문 의사를 보이고 있다.

댕플스테이를 미는 곳인 충북 증평의 미륵사는 역사가 흥미롭다. 미

337

증평 미암리 석조관음보살입상

륵사는 대한불교 조계혜능종 소속 사찰이다. 핵심은 수령 300년이 넘은 느티나무 옆에 모셔진 석조관음보살입상(충청북도 유형문화유산 제198호)이다. 고려 중기에 조성된 것으로 추정되는 석조관음보살입상은 미륵사보다 더 오래도록 지금의 자리를 지켜오며 대비보살로 중생 구제 원력을 펼치고 있다.

관음보살의 영험이 알려진 것은 마을 형성 초기부터다. 인근 마을 전체에 원인 모를 병이 돌아 매일 두세 명씩 죽어나갈 때부터다. 어느 날 한 노승이 나타난다. 이 노승은 마을 어귀 느티나무 옆에 있는 석조관음보살님에게 지극한 마음으로 기도하면 7일 이내 효험이 있을 거라 말하고 홀연히 떠난다. 물론 주민들은 처음에는 이 말을 흘려보낸다. 이후 계속 질병이 심해지면서 혹시나 하는 마음에 노승의 말을 따른다. 주민들이 모여 지극한 정성으로 기도를 하기 시작하고 놀랍게도 7일째가 되자 백약이 무효였던 마을 사람들의 병이 씻은 듯 완치된다. 그 후로 마을에서는 느티나무 옆 관음보살님에게 매년 한 번씩 모여 기도를 올리고 있다. 현재는 윤달이 든 해 음력 정월 대보름을 앞두고 제를 지낸다.

미륵사는 소박하게 문을 연 곳이다. 천년 세월의 영험함을 펼친 석조

관음보살입상을 기도처로 삼아 1930년대 작은 초막을 지은 것이 시작이다. 사찰로 규모를 갖춘 건 1950년대로, 새로 전각을 지으면서부터다. 미륵사라는 이름도 이때 붙었다. 현재의 미륵댕이라는 지명도 석조관음보살입상을 수호불로 모시는 마을 사람들의 깊은 신심에서 비롯된 것이다.

템플스테이는 당일 체험 코스가 주를 이룬다. 5시간 30분 정도 진행되는 코스다. 시작부터 흥미롭다. 참가자뿐 아니라 반려견까지 준비된 사찰복으로 환복한다. 이어지는 사찰 투어는 목줄을 하고 역시나 함께 둘러본다. 당연히 지방 문화유산으로 지정된 석조관음보살입상도 봐야 한다. 견생 숏 명소는 그 옆 300년 된 느티나무다. 좋은 기까지 받을 수 있다고 알려지면서 누구나 이곳에서 인증 숏을 찍는다.

압권은 스님과의 차담이다. 견주와 반려견 모두에게 마음을 다스리는 말씀을 전하는 시간이다. 스님의 법문을 듣고 궁금한 점을 질문하면 된다. 특이한 건 지난 2020년 정각스님이 거둬 셀에 실고 있는 반려견 서화엄도 함께 자리한다.

문답은 이런 식으로 이뤄진다. 예컨대 한 참가자가 이런 질문을 던진다. '반려견 해리가 다른 친구들과 잘 지내지 못해요. 스님, 해리에게 한 말씀 부탁드립니다.' 바로 이어지는 스님의 촌철살인 같은 조언 한마디는 '해리가 사회성이 없는 것이 아니라 마음속에 슬픔이 있어서인 듯하네요. 해리가 못 알아듣는다고 생각하지 않는 게 중요합니다. 마치 친구하고 얘기하는 것처럼 깊은 대화를 해보세요'다. 교감에 대한 중요성을

안기는 이 한마디에 참가자들은 모두 고개를 끄떡인다.

미륵사 템플스테이는 한국관광공사 세종충북지사와 증평군, 관광 스타트업 반려생활이 함께 꾸리고 있다. 수도권 거주 반려동물을 기르는 가구가 주요 대상이다. 1인 1견, 2인 1견, 2인 2견 등 다양하게 참여할 수 있다. 모든 견종을 동반할 수 있는 것도 매력이다.

사실 댕플스테이를 진행하겠다고 선뜻 나선 사찰은 드물다. 개 냄새가 배면 야생동물이 바로 습격할 수 있다. 1박 2일 스테이는 꿈도 못 꾼다. 머물렀던 자리를 청소하는 일도 쉽지는 않다. 여러모로 사찰 스님들이 진행하기는 버거울 수밖에 없다.

결국 미륵사가 댕플스테이 명당이 된 건 정각스님의 열린 마음 때문이다. 당일치기 5시간짜리 템플스테이는 그 덕에 탄생한 것이다. 정각스님은 말씀하신다. 모든 생명은 동등하다고. 사찰은 사람뿐 아니라 모든 생명체에 열려 있어야 한다는 게 스님의 지론이다.

◎ 충청북도 증평군 증평읍 미륵댕이1길 13-5
📞 043)836-3689

템플스테이 프로그램 정보

당일형 댕플스테이

◎ 매월 1회 지정일(전월 중순 오픈), 10:00~15:30

⌂ '반려생활' 앱에서 사전 예약, www.ban-life.com

₩ 1인 1견 7만 9,000원(2인 1견 시 인원 추가 비용 있음)

▤ 보호자 점심, 기념품, 수료증, 반려견 및 보호자 사찰복 대여

◎ 반려견은 크기 제한 없이 동반 가능

▤ 프로그램

시간	내용
10:00	집결(미륵사 무진등선원)
10:00~10:15	템플스테이 환복 및 기념품 증정
10:15~10:45	사찰 안내
10:50~11:50	스님과 차담
12:00~13:00	점심 공양
13:00~13:20	자유 시간(소원지 작성)
13:30~14:00	연꽃등 만들기
14:20~15:00	예불 및 10배 자세 배우기
15:00~15:20	소원지 태우기
15:20~15:30	단체 기념 촬영
15:30~	환복 및 귀가

❗ 주의 사항

- 6~8팀 소규모 진행
- 목줄 착용 필수며 보호자는 반려견을 적극 케어할 것
- 잔디밭 소독은 완료했으나 혹시 모를 상황에 대비해 진드기 심장사상충 접종 필수
- 공격성이 강하거나 입질이 심한 반려견은 참여에 제한이 있을 수 있음

BTS 세계 진출 꿈 이뤄준
사찰이라고?

보문사

───── TEMPLESTAY ─────

普 / 門 / 寺

대한민국 최고의 K-팝 그룹 BTS
의 소원을 들어준 명당이라면 어
떤가. 심지어 그곳에서의 템플스테
이라면? 사찰 소원 명당을 올킬시
킨 핫플, 놀랍게도 인천시 강화군
삼산면 석모도의 '보문사'다.

의심 많은 독자님들을 위해 트
위터에 날린 BTS의 소원까지 적
어드린다.

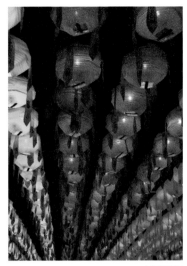

보문사 연등

#BTS #보문사에서 #세계진출_대박_기원 #2016.12.05.

BTS 트위터(@BTS_twt)에 2016년 말 포스팅된 문장이다. 이후 진짜 터
신다. 소원 명당 보문사에서 간절함을 닦은 세계 진출 대박 기원, 진출도
모자라 세계를 석권해버렸다. 이후 BTS 열성 팬인 아미들이 가만히 있을
리 없을 터다. 경기도 BTS 여행 성지로 확 떠버린다.

강화 보문사는 양양 ''낙산사', 남해 '보리암'과 함께 전국 3대 해상 명
당으로 꼽히는 가을 최고의 소원 핫 스폿이다. 소원을 빌면 모든 바람이
이뤄진다고 전해져 많은 신도가 찾는 천년 고찰이다. 특히 수능 시즌에
는 그야말로 난리다. 눈썹바위로 불리는 높이 9.2m 마애석불좌상(인천시
유형문화유산 제29호)과 천연 동굴로 이뤄진 석실, 표정이 다른 500개 석불

보문사 오백나한상

이 늘어서 있는 오백나한상이 소원 핫플이다.

물론 최강 소원 스폿은 기도 접수처의 불전함이다. 부처님에게 헌액하는 이 통은 낡은 코팅지로 덮여 있다. 그 코팅지 속에 든 사진이 BTS다. 세계시장 석권을 위해 본격 도전에 나서기 직전인 2016년 겨울, 이곳을 찾아 소원을 빈 BTS 멤버 7명(RM, 진, 슈가, 제이홉, 지민, 뷔, 정국)이 웃으며 포즈를 취하고 있다. 당연히 이곳은 인증 숏 포인트다. 골든 타임인 가을 단풍철에는 여전히 아미들이 몰려들면서 인증 숏 웨이팅이 있을 정도로 인기다.

힙플러들이 BTS 인증 숏과 함께 꼭 찍어가는 건 기와 불사(기와에 소원을 적는 것)다. "방탄소년단 LOVE YOURSELF~ 대박!", "아미 JULIANA"라고 적힌 소원 기와가 지금도 쌓이고 있다. 이곳에서 빼놓지 않고 찾아야 할 소원 포인트는 또 있다. 놀랍게도 계단이다. 이곳 명물 마애석불좌상으로 향하는 계단인데, 그 숫자가 무려 420개다. 계단 시작점 우측에 아예 "소원이 이루어지는 길"이라는 푯말까지 달았다. 108번뇌를 떨치는 108계단도 모자라 420계단을 숨 가쁘게 올라야 하는 곳이다. BTS 멤버들도, 여행족도, 범인도 모두 이곳을 타박타박 오르며 소원 하나씩을 품었을 것이다.

계단이 워낙 많다 보니 오르고 오르다 보면 심지어 경치 포인트도 있다. 정확히는 마의 300계단을 넘어야 닿는 301계단째에 있다. 형형색색의 단풍으로 물든 산과 서해 바다를 한눈에 품을 수 있는 멀티 조망 포인

보문사 마애석불좌상

트다. 기어이 420계단을 오르면 마침내 만나는 높이 9.2m짜리 거상 마애석불좌상이 있다. 그 위가 바로 그 유명한 눈썹바위다.

숨을 고르기도 전에 잊지 말아야 할 게 소원 빌기다. 이곳의 특이한 소원법은 수직 벽에 동전 붙이기다. 마애석불좌상 아래쪽에 비스듬한 직벽에 동전을 올린 뒤 소원 하나를 말하면 반드시 들어준다는 것이다.

BTS처럼 트위터용으로 소원 기록을 남겨야 먹힌다. #이번 #템플스테이책 #절캉스 #제발 #대박_기원 #베스트셀러_기원 #마감_해방 #2024.10.17.

여기서 잠깐, 소원 명당 보문사야 그렇다 치고 템플스테이는 어디서 해야 할까? 보문사가 타종식, 수능 100일 기도, 독성 기도 등 스폿성 행사는 주기적으로 여는데 템플스테이에는 아직 본격적으로 참여하지 않고 있다.

보문사에서 살짝 옆으로 틀면 템플스테이 핫플이 있다. 바로 '전등사'다. 강화 남부 정족산성 안에 둥지를 트고 있는 전등사는 기록의 사찰이다. 그 기록이 최고最古다. 381년 고구려 소수림왕 시절 승려 아도화상이 당시 백제 땅이었던 강화도에 창건한 것으로 알려진 우리나라 최초의 사찰이다. 372년 불교가 처음 전해지고 375년 고구려에 '성문사'와 '이불란사'가 세워졌으나 지금은 남아 있지 않아 전등사가 현존하는 최고의 사찰이 됐다.

고려시대부터 왕실의 안녕을 기원하는 사찰이었는데, 원나라 속국 시절 충렬왕의 왕비였다가 원나라 칸의 딸 제국대장 공주에게 밀려 둘째

비로 강등되고 수모를 겪은 정화궁주가 대장경과 옥으로 만든 법등을 절에 기증하면서 '진종사'라는 절 이름을 '불법의 등불을 전한다'라는 의미의 전등사로 바꾼 역사도 있다.

　이곳 템플스테이야 다양한 프로그램으로 정평이 나 있는데, 전등사를 확 띄운 프로그램이 커플 만남이다. 전국민적 관심을 모으고 있는 만남 템플스테이 '나는 절로, 전등사' 39회째 행사가 이곳에서 2024년 4월 1박 2일 코스로 열렸다. 당시 경쟁률은 17 대 1이었다. 약 70 대 1의 피 튀기는(?) 경쟁률을 찍었던 양양 '나는 절로, 낙산사'에는 뒤지지만 청춘 남녀의 가슴을 설레게 하기에는 충분했다는 평가다.

　전등사 템플스테이 인기는 한국갤럽의 2021년 만족도 조사에서 고스란히 나타난다. 당시 인스타그램 해시태그(#)를 추적하고 분석하는 도구

태그파인더로 템플스테이 해시태그를 분석했는데, 다음이 그 결과치다. #힐링 #휴식 #전등사 #강화도.

힐링과 휴식을 원하면 누구나 강화도 전등사를 찾았다는 의미가 아닌가.

보문사

📍 인천광역시 강화군 삼산면 삼산남로828번길 44

📞 032)933-8271

🏠 www.bomunsa.me

🎫 성인 2,000원, 중고생 1,500원, 초등생 1,000원

전등사

📍 인천광역시 강화군 길상면 전등사로 37-41

📞 032)937-0152

🏠 www.jeondeungsa.org

예약 및 상세 정보

템플스테이 프로그램 정보

[체험형] 맞-선 템플스테이

내 안의 나를 선명상을 통해 마주한다는 의미의 '맞-선', 한국 불교의 전통 수행인 선을 통해 일상을 벗어나 내 안의 나를 마주할 수 있는 시간

Ⓦ 성인 12만 원, 중고생 9만 원

🕐 1박 2일

📋 사찰 안내, 예불, 공양, 108배, 울력, 타종 체험, 명상, 스님과 대화 등

`휴식형` **한 박자 쉬고**

일상을 내려두고 편안히 앉고 걷고 먹는 잊지 못할 휴식을 경험하는 시간

- Ⓦ 성인 9만 원, 중고생·초등생 7만 원, 미취학 1만 원
- Ⓢ 1박 2일~14박 15일(가격 상이)
- 🗐 사찰 안내, 예불, 공양, 울력, 도량석, 타종 체험 등

`휴식형` **전등각 한옥 템플스테이**

펜션형 방사에서 지내는 한옥 템플스테이

- Ⓦ 성인 20만 원, 중고생 15만 원, 초등생 10만 원, 미취학 5만 원
- Ⓢ 1박 2일~5박 6일(가격 상이)
- 🗐 사찰 안내, 예불, 공양, 울력, 도량석, 타종 체험 등

일상 속
불교 용어를 아나요?
⑤

❀ 이판사판
理判事判

자, 이판사판이다. 불교 용어, 끝장을 보자. 막다른 궁지 또는 끝장을 의미하는 말로, 뾰족한 묘안이 없음을 비유한 말이다. 이판과 사판은 불교 용어. 조선시대 때 만들어졌는데, 조선은 건국이념으로 숭유억불을 표방했다. 천민 계급으로 전락한 승려들이 활로를 모색한 것 중 하나가 사찰을 존속시키는 것이었고 다른 하나는 불법의 맥을 잇는 것이었다. 그래서 일부는 폐사를 막기 위해 기름이나 종이, 신발을 만드는 제반 잡역에 종사하면서 사원을 유지했다. 이와 달리 은둔해 참선 등을 통한 수행으로 불법을 잇는 승려들도 생겨났다. 이를 두고 앞의 것을 사판, 뒤의 것을 이판이라 칭했다. 이게 부정적 의미로 쓰이게 된 데는 시대적 상황이 작용했다. 조선의 억불 정책으로 불교는 최악의 종교로 내려앉았고 승려는 천민 계층의 신분이었으며 성 출입 자체가 금지됐다. 자연히 당시에 승려가 된다는 것은 인생의 막다른 마지막 선택이나 마찬가지였다. 이판이나 사판, 그래서 그 자체로 끝장을 의미하는 말이 된 것으로 보인다.

❀ 전도
傳道

종교적인 가르침을 널리 전파하는 일이다. 부처님이 처음 설법을 마치고 제자들에게 말씀하셨다. '자, 이제 전도를 떠나라'고.

❀ 주인공
主人公

이게 불교 용어라니. 주인공은 득도한 인물을 가리키는 말인데, 불교에서 유래했다. 주인공은 엑기스다. 영화, 소설에서 주인공이 빠지면 앙꼬 없는 찐빵이다. 그런데 이게 불교에서는 아주 재미가 없는 의미로 쓰인다. 원래 불교에서 주인공이라는 단어를 처음 사용했을 때는 득도한 인물을 가리키는 말이었기 때문이다. 주인공은 외부 환경에 흔들리지 않고 번뇌 망상에 흔들리지 않는 참된 자아, 즉 무아(無我)를 누리는 자아를 일컫는 말로 쓰인다. 나는 언제쯤 주인공이 될까.

✿ 찰나
刹那

'어어' 하다 이 단어 찰나에 잊어버린다. 찰나는 불교에서 시간의 최소 단위를 나타내는 말이다. 눈 깜짝할 새다. 1찰나는 정확히 75분의 1초 (약 0.013초)에 해당한다. 불교에서는 모든 것이 1찰나마다 생겼다 멸하고 멸했다 생기면서 계속돼나간다고 가르치는데, 이것을 '찰나생멸(刹那生滅)', '찰나무상(刹那無常)'이라고 한다.

✿ 출세
出世

출세도 불교에서 나왔다. 보통 세상에 잘 알려지고 높은 지위에 오르는 것을 가리킨다. 불교에서는 원래 아주 다른 의미로 쓰였다. 첫째, 불보살이 중생의 세계에 출현해 중생을 교화하는 것을 의미한다. 사람이 출세해 행복을 얻는다는 의미를 감추고 있다. 둘째는 세상의 속연을 벗어나 불도수행에 전념하는 것을 말한다. 출가와 같은 의미다. 선종에서 학행을 마친 뒤 은퇴 장양하는 사람을 가리키는 의미도 있다.

✿ 투기
投機

투기는 하면 안 되는데, 불교에서는 해야 할 것 같다. 사람들이 돈을 던져 기회를 잡는 것을 투기라고 한다. 불교에서의 의미는 마음을 열어 몸을 던져 부처님의 깨달음을 얻으려 한다는 좋은 의미다.

✿ 해탈
解脫

누구나 아는 불교 용어. 인간의 근본적 아집으로부터 해방을 의미한다. 템플스테이 책을 출간했으니 나도 이제 해탈할까.

APPENDIX

부 록

한국불교문화사업단 추천
테마별 템플스테이

1 사찰 음식이 맛있는 곳

동화사
사찰 음식 특화 사찰

📍 대구광역시 동구 동화사1길 1
📞 010-3534-8079
🏠 www.donghwasa.net

망경산사
사찰 음식 체험 프로그램이 있는 사찰

📍 강원특별자치도 영월군 김삿갓면
   망경대산길 135-6
📞 033)374-8007

법륜사
사찰 음식 체험 프로그램이 있는 사찰

📍 경기도 용인시 처인구 원삼면
   농촌파크로 126
📞 010-6766-8700
🏠 www.beomnyunsa.or.kr

백양사

사찰 음식 특화 사찰

📍 전라남도 장성군 북하면 백양로1239

📞 061)392-0434

🏠 www.baekyangsa.com

✅ 사찰 음식 명장 정관스님의 프로그램

봉선사

사찰 음식 특화 사찰

📍 경기도 남양주시 진접읍 봉선사길 32

📞 010-5262-9969

🏠 www.bongsunsa.net

석불사

공양이 맛있는 사찰

📍 서울특별시 마포구 마포대로4다길 23-6

📞 02)712-1765

심택사

사찰 음식 체험 프로그램이 있는 사찰

📍 서울특별시 은평구 은평로20나길 5-23

📞 02)359-1188

✅ 사찰 음식 명장 중제스님의 프로그램

용문사

사찰 음식 특화 사찰

📍 경상북도 예천군 용문면 용문사길 285-30

📞 010-5178-4665

🏠 www.yongmunsa.kr

진관사

사찰 음식 특화 사찰

📍 서울특별시 은평구 진관길 73

📞 02)388-7999

🏠 jinkwansa.org

천축사

공양이 맛있는 사찰

📍 서울특별시 도봉구 도봉산길 92-2

📞 010-3165-1474

🏠 www.cheonchuksa.kr

화계사

공양이 맛있는 사찰

📍 서울특별시 강북구 화계사길 117

📞 010-4024-4326

🏠 www.hwagyesa.org

화엄사

공양이 맛있는 사찰

📍 전라남도 구례군 마산면 화엄사로
539

📞 061)782-7600

🏠 www.hwaeomsa.or.kr

2 꽃 풍경이 멋진 곳

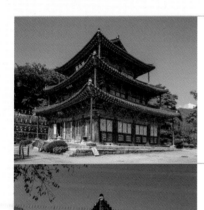

금산사

벚꽃

📍 전라북도 김제시 금산면 모악15길 1

📞 010-8690-3308

🏠 www.geumsansa.org

내소사

벚꽃

📍 전라북도 부안군 진서면 내소사로
243(내소사 템플사무국)

📞 063)583-3035

🏠 www.naesosa.kr

백양사

고불매

📍 전라남도 장성군 북하면 백양로 1239

📞 061)392-0434

🏠 www.baekyangsa.com

불갑사

상사화

📍 전라남도 영광군 불갑면 불갑사로
　 450

📞 010-8631-1080

송광사

백일홍

📍 전라남도 순천시 송광면 송광사안길
　 100

📞 010-8830-1921

🏠 songgwangsa.org

송광사

겹벚꽃

📍 전라북도 완주군 소양면 송광수만로
　 255-16

📞 063)241-8090

🏠 songgwangsa.or.kr

약천사

유채꽃

📍 제주특별자치도 서귀포시 이어도로 293-28

📞 064)738-5079

🏠 www.yakchunsa.org

용화사

백일홍

📍 경상남도 통영시 봉수로 107-82

📞 055)649-3060

통도사

홍매화

📍 경상남도 양산시 하북면 통도사로 108

📞 055)384-7085

🏠 www.tongdosa.or.kr

한국문화연수원

벚꽃

📍 충청남도 공주시 사곡면 마곡사로 1065

📞 041)841-9039

🏠 www.budcc.com

화계사

목련

📍 서울특별시 강북구 화계사길 117

📞 010-4024-4326

🏠 www.hwagyesa.org

화엄사

홍매화

📍 전라남도 구례군 마산면 화엄사로
539

📞 061)782-7600

🏠 www.hwaeomsa.or.kr

3 선명상이 유명한 곳

대흥사

행선명상, 참선명상, 다선명상

📍 전라남도 해남군 삼산면 대흥사길
400

📞 061)535-5775

🏠 www.daeheungsa.co.kr

봉선사

비밀의 숲 명상, 108배 명상

📍 경기도 남양주시 진접읍 봉선사길 32

📞 010-5262-9969

🏠 www.bongsunsa.net

월정사

싱잉볼명상, 숲명상

📍 강원특별자치도 평창군 진부면 오대산로 374-8

📞 033)339-6606

🏠 woljeongsa.org

직지사

호흡명상, 선무도

📍 경상북도 김천시 대항면 직지사길 95

📞 054)429-1716

🏠 www.jikjisa.or.kr

축서사

선방좌선, 큰스님 친견

📍 경상북도 봉화군 물야면 월계길 739

📞 054)673-9962

🏠 www.chookseosa.org

화계사

선명상 이론 및 실습

📍 서울특별시 강북구 화계사길 117

📞 010-4024-4326

🏠 www.hwagyesa.org

4 외국인이 많이 찾는 곳

한국갤럽 조사(2023년 템플스테이 참가자 현황 보고서) 외국인 순 인원 참가자 수 상위 5개 사찰

골굴사

📍 경상북도 경주시 문무대왕면 기림로 101-5

📞 054)775-1689

🏠 www.golgulsa.com

구인사

📍 충청북도 단양군 영춘면 구인사길 73

📞 043)420-7397

금선사

📍 서울특별시 종로구 비봉길 137

📞 02)395-9955

🏠 www.geumsunsa.org

봉은사

📍 서울특별시 강남구 봉은사로 531

📞 02)3218-4846

🏠 www.bongeunsa.org

조계사

📍 서울특별시 종로구 우정국로 55

📞 02)768-8660

🏠 www.jogyesa.kr

계절별 추천 템플스테이

봄

Spring

여름

Summer

가
을

겨
울

전국 템플스테이
사찰 리스트
(2024년 12월 기준)

1	**갑사** Gapsa	충청남도 공주시 계룡면 갑사로 567-3	041)857-8921
2	**개암사** Gaeamsa	전라북도 부안군 상서면 개암로 248	063)581-0080
3	**건봉사** Gunbongsa	강원특별자치도 고성군 거진읍 건봉사로 723	033)682-8103
4	**경국사** Kyungguksa	서울특별시 성북구 보국문로 113-10	02)914-2828
5	**고운사** Gounsa	경상북도 의성군 단촌면 고운사길 415	054)833-6934
6	**골굴사** Golgulsa	경상북도 경주시 문무대왕면 기림로 101-5	054)775-1689
7	**관문사** Gwanmunsa	서울특별시 서초구 바우뫼로7길 111	02)3460-5319
8	**관음사(제주)** Gwaneumsa	제주특별자치도 제주시 산록북로 660	064)7247-6833
9	**관음정사** Kwaneumjungsa	경상남도 김해시 진례면 평지길 299	055)345-4741
10	**구룡사** Guryongsa	강원특별자치도 원주시 소초면 구룡사로 500	033)731-0503
11	**구인사** Guinsa	충청북도 단양군 영춘면 구인사길 73	043)420-7397
12	**국제선센터** International Seon Center	서울특별시 양천구 목동동로 167	02)2650-2242
13	**귀정사** Gwijeongsa	전라북도 남원시 산동면 대상2길 246	063)626-0106
14	**금강정사** Kumkangjeongsa	경기도 광명시 실월로 58	02)898-8200
15	**금당사** Geumdangsa	전라북도 진안군 마령면 마이산남로 217	063)432-0102
16	**금룡사** GeumRyongsa	제주특별자치도 제주시 구좌읍 김녕로 148-11	064)783-3663
17	**금산사** Geumsansa	전라북도 김제시 금산면 모악15길 1	010-8690-3308

18	금선사 Geumsunsa	서울특별시 종로구 비봉길 137	02)395-9955
19	기림사 Kirimsa	경상북도 경주시 양북면 기림로 437-17	054)746-3069
20	길상사 Kilsangsa	서울특별시 성북구 선잠로5길 68	02)3672-5945
21	낙산사 Naksansa	강원특별자치도 양양군 강현면 낙산사로 100	033)672-2417
22	내소사 Naesosa	전라북도 부안군 진서면 내소사로 243	063)583-3035
23	내원정사 Naewonjungsa	부산광역시 서구 엄광산로40번길 80	051)254-3503
24	능가사 Neunggasa	전라남도 고흥군 점암면 팔봉길 21	061)832-8091
25	대광사(성남) Daegwangsa	경기도 성남시 분당구 구미로185번길 30	031)715-3000
26	대광사(창원) Daegwangsa	경상남도 창원시 진해구 진해대로 303	055)545-9595
27	대승사 Daeseungsa	경상북도 문경시 산북면 대승사길 283	010-4900-8123
28	대원사(가평) Daewonsa	경기도 가평군 북면 백둔로 21-162	010-5262-0477
29	대원사(보성) Daewonsa	전라남도 보성군 문덕면 죽산길 506-8	061)853-1755
30	대원사(산청) Daewonsa	경상남도 산청군 삼장면 대원사길 455	010-4919-2446
31	대흥사 Daeheungsa	전라남도 해남군 삼산면 대흥사길 400	061)535-5775
32	도갑사 Dogapsa	전라남도 영암군 군서면 도갑사로 306	061)473-5120
33	도리사 Dorisa	경상북도 구미시 해평면 도리사로 526	054)474-3877
34	노림사(대구) Dorimsa	대구광역시 동구 인심구 242	010-9256-7276
35	동화사 Donghwasa	대구광역시 동구 동화사1길 1	010-3534-8079
36	마곡사 Magoksa	충청남도 공주시 사곡면 마곡사로 966	041)841-6226
37	망경산사 Manggyeongsansa	강원특별자치도 영월군 김삿갓면 망경대산길 135-6	033)374-8007
38	명주사 Myeongjoosa	강원특별자치도 원주시 신림면 물안길 62	033)761-7885
39	묘각사 Myogaksa	서울특별시 종로구 종로63가길 31	02)763-3109
40	묘적사 Myojeoksa	경기도 남양주시 와부읍 수레로661번길 174	031)577-1762
41	무각사 Mugaksa	광주광역시 서구 운천로 230	062)383-0107

42	무량사 Muryangsa	충청남도 부여군 외산면 무량로 203	041)836-5099
43	무위사 Muwisa	전라남도 강진군 성전면 무위사로 308	061)432-4974
44	문수암 Munsuam	경상남도 산청군 시천면 마근담길 173-17	055)973-5820
45	미륵대흥사 Mireukdaeheungsa	충청북도 단양군 대강면 황정산로 423	010-9773-9108
46	미륵사 Mileugsa	전라남도 나주시 봉황면 세남로 408-64	061)331-3436
47	미타사 Mitasa	충청북도 음성군 소이면 소이로61번길 164	043)873-0330
48	미황사 Mihwangsa	전라남도 해남군 송지면 미황사길 164	061)533-3521
49	반야사 Banyasa	충청북도 영동군 황간면 백화산로 652	043)742-7722
50	백담사 Seoraksan Baekdamsa	강원특별자치도 인제군 북면 백담로 746	033)462-5565
51	백련사(가평) Baekryunsa	경기도 가평군 상면 샘골길 159-50	031)585-3853
52	백련사(강진) Baekryunsa	전라남도 강진군 도암면 백련사길 145	061)434-0837
53	백양사 Baekyangsa	전라남도 장성군 북하면 백양로 1239	061)392-0434
54	백제사 Baekjesa	제주특별자치도 제주시 애월읍 광령남6길 54	064)746-8009
55	범어사 Beomeosa	부산광역시 금정구 범어사로 250	051)508-5726
56	법륜사 Beomryunsa	경기도 용인시 처인구 원삼면 농촌파크로 126	010-6766-8700
57	법주사 Beopjusa	충청북도 보은군 속리산면 법주사로 405	043)544-5656
58	보경사 Bogyeongsa	경상북도 포항시 북구 송라면 보경로 523	054)262-5354
59	보현사 Bohyunsa	강원특별자치도 강릉시 성산면 보현길 396	033)647-9455
60	봉녕사 Bongnyeongsa	경기도 수원시 팔달구 창룡대로 236-54	031)248-3399
61	봉선사 Bongsunsa	경기도 남양주시 진접읍 봉선사길 32	010-5262-9969
62	봉은사 Bongeunsa	서울특별시 강남구 봉은사로 531	02)3218-4826
63	봉인사 Bonginsa	경기도 남양주시 진건읍 사릉로156번길 295	031)528-5585
64	봉정사 Bongjeongsa	경상북도 안동시 서후면 봉정사길 222	054)853-4183
65	부석사 Busuksa	충청남도 서산시 부석면 부석사길 243	041)662-3824
66	불갑사 Bulgapsa	전라남도 영광군 불갑면 불갑사로 450	010-8631-1080

67	불국사 Bulguksa	경상북도 경주시 불국로 385	054)746-0983
68	불회사 Bulhoesa	전라남도 나주시 다도면 다도로 1224-142	061)337-3440
69	사나사 Sanasa	경기도 양평군 옥천면 사나사길 329	031)772-5182
70	사성암 Saseongam	전라남도 구례군 문척면 사성암길 303	061)781-4544
71	삼운사 Samwoonsa	강원특별자치도 춘천시 후석로441번길 12	033)253-6542
72	삼화사 Samhwasa	강원특별자치도 동해시 삼화로 584	010-4219-8822
73	서광사 Seogwangsa	충청남도 서산시 부춘산1로 44	041)664-2002
74	석불사 Seokbulsa	서울특별시 마포구 마포대로4다길 23-6	02)712-1765
75	석종사 Seokjongsa	충청북도 충주시 직동길 271-56	010-3625-4505
76	선본사 Seonbonsa	경상북도 경산시 와촌면 갓바위로 699	010-2631-1868
77	선암사(부산) Sunamsa	부산광역시 부산진구 백양산로 138	051)805-7573
78	선암사(순천) Seonamsa	전라남도 순천시 승주읍 선암사길 450	061)754-6250
79	선운사 Seonunsa	전라북도 고창군 아산면 선운사로 250	063)561-1375
80	성주사 Seongjusa	경상남도 창원시 성산구 곰절길 191	010-2055-3104
81	송광사(순천) Songkwangsa	전라남도 순천시 송광면 송광사안길 100	010-8830-1921
82	송광사(완주) Songkwangsa	전라북도 완주군 소양면 송광수만로 255-16	063)241-8090
83	수국사 Suguksa	서울특별시 은평구 서오릉로23길 8-5	010-2844-2604
84	수덕사 Sudeoksa	충청남도 예산군 덕산면 수덕사안길 79	041)330-7789
85	수원사 Suwonsa	경기도 수원시 팔달구 수원천로 300	010-9420-9670
86	수진사 Sujinsa	경기도 남양주시 천마산로 115-13	031)591-3364
87	신륵사 Silleuksa	경기도 여주시 신륵사길 73	031)885-9024
88	신안사 Sinansa	충청남도 금산군 제원면 신안사로 970	041)752-7938
89	설악산신흥사 Seoraksan Sinheungsa	강원특별자치도 속초시 설악산로 1137	010-4179-7994
90	신흥사(완도) Sinheungsa	전라남도 완도군 완도읍 청해진남로 101-1	010-4181-6499

91	실상사 Silsangsa	전라북도 남원시 산내면 입석길 94-129	010-9654-3031
92	심원사(성주) Simwonsa	경상북도 성주군 수륜면 가야산식물원길 17-56	054)931-6887
93	심택사 Simtaeksa	서울특별시 은평구 은평로20나길 5-23	02)359-1188
94	쌍계사(진도) Ssanggyesa	전라남도 진도군 의신면 운림산방로 299-30	061)542-1165
95	쌍계사(하동) Ssanggyesa	경상남도 하동군 화개면 쌍계사길 59	055)883-1901
96	쌍봉사 Ssangbongsa	전라남도 화순군 이양면 쌍산의로 459	010-4242-6043
97	안국사 Anguksa	전라북도 무주군 적상면 산성로 1050	063)322-6162
98	약천사 Yakchunsa	제주특별자치도 서귀포시 이어도로 293-28	064)738-5079
99	연곡사 Yeongoksa	전라남도 구례군 토지면 피아골로 774	061)782-1072
100	연등국제선원 Lotus Lantern International MeditationCenter	인천광역시 강화군 길상면 강화동로 349-60	032)937-7033
101	연주암 Yeonjuam	경기도 과천시 자하동길 63	010-8895-3234
102	영국사 Yeongguksa	충청북도 영동군 양산면 영국동길 225-35	043)743-8843
103	영랑사 Younglangsa	충청남도 당진시 고대면 진관로 142-52	041)353-8053
104	영평사 Youngpyungsa	세종특별자치시 장군면 영평사길 124	044)854-1854
105	옥천사 Okcheonsa	경상남도 고성군 개천면 연화산1로 471-9	055)672-6296
106	옥천암 Okcheonam	서울특별시 서대문구 홍지문길 1-38	02)395-4031
107	용문사(남해) Yongmunsa	경상남도 남해군 이동면 용문사길 166-11	055)862-4425
108	용문사(양평) Yongmunsa	경기도 양평군 용문면 용문산로 782	031)775-5797
109	용문사(예천) Yongmunsa	경상북도 예천군 용문면 용문사길 285-30	010-5178-4665
110	용연사 Yongyeonsa	강원특별자치도 강릉시 사천면 중앙서로 961	033)647-1234
111	용주사 Yongjoosa	경기도 화성시 용주로 136	010-6466-6883
112	용화사(청주) Yonghwasa	충청북도 청주시 서원구 무심서로 565	043)275-0516
113	용화사(통영) Yonghwasa	경상남도 통영시 봉수로 107-82	055)649-3060
114	용흥사 Yongheungsa	전라남도 담양군 월산면 용흥사길 442	010-2723-0574

115	운주사 Unjusa	전라남도 화순군 도암면 천태로 91-44	061)374-0660
116	원효사 Wonhyosa	광주광역시 북구 무등로 1514-35	062)266-0322
117	월정사 Woljeongsa	강원특별자치도 평창군 진부면 오대산로 374-8	033)339-6606
118	육지장사 Yukjijangsa	경기도 양주시 백석읍 기산로471번길 190	031)871-0101
119	은해사 Eunhaesa	경상북도 영천시 청통면 은해사로 300	054)335-3308
120	자비선사 Jabisunsa	경상북도 성주군 수륜면 계정길 208	054)931-8874
121	장육사 Jangyuksa	경상북도 영덕군 창수면 장육사1길 172	010-9733-6289
122	전등사 Jeondeungsa	인천광역시 강화군 길상면 전등사로 37-41	032)937-0152
123	정토사 Jungtosa	경기도 성남시 수정구 옛골로 42번길 3	031)723-9796
124	정혜사 Jeonghyesa	전라남도 순천시 서면 정혜사길 32	010-5058-8483
125	조계사 Jogyesa	서울특별시 종로구 우정국로 55	02)768-8660
126	중흥사 Joongheungsa	경기도 고양시 덕양구 대서문길 393	02)355-4488
127	증심사 Jeungsimsa	광주광역시 동구 증심사길 177	062)226-0107
128	지장정사 Jijangjeongsa	충청남도 논산시 노성면 화곡안길 103	041)732-0106
129	직지사 Jikjisa	경상북도 김천시 대항면 직지사길 95	054)429-1716
130	진관사 Jinkwansa	서울특별시 은평구 진관길 73	02)388-7999
131	천은사 Choneunsa	전라남도 구례군 광의면 노고단로 209	061)781-4800
132	천축사 Cheonchuksa	서울특별시 도봉구 도봉산길 92-2	010-3165-1474
133	청평사 Cheongpyeongsa	강원특별자치도 춘천시 북산면 오봉산길 810	033)244-1195
134	축서사 Chookseosa	경상북도 봉화군 물야면 월계길 739	054)673-9962
135	통도사 Tongdosa	경상남도 양산시 하북면 통도사로 108	055)384-7085
136	표충사 Pyochungsa	경상남도 밀양시 표충로 1338	055)353-1537
137	학림사 Hakrimsa	충청남도 공주시 반포면 제석골길 67	042)825-0515
138	한국문화연수원 Korea Culture Training Institute	충청남도 공주시 사곡면 마곡사로 1065	041)841-9039

139	**해인사** Haeinsa	경상남도 합천군 가야면 해인사길 122	010-4763-3161
140	**향일암** Hyangiram	전라남도 여수시 돌산읍 향일암로 60	010-6504-4742
141	**현덕사** Hyundeoksa	강원특별자치도 강릉시 연곡면 싸리골길 170	033)661-5878
142	**홍법사** Hongbeopsa	부산광역시 금정구 두구로33번길 202	010-8457-0343
143	**화계사** Hwagyesa	서울특별시 강북구 화계사길 117	010-4024-4326
144	**화암사** Hwaamsa	강원특별자치도 고성군 토성면 화암사길 100	033)633-7463
145	**화엄사** Hwaeomsa	전라남도 구례군 마산면 화엄사로 539	061)782-7600
146	**화운사** Hwaunsa	경기도 용인시 처인구 동백죽전대로 111-14	031)337-2576
147	**회암사(양주)** Hoeamsa	경기도 양주시 회암사길 281	010-3155-0355
148	**흥국사(고양)** Heungguksa	경기도 고양시 덕양구 흥국사길 82	010-4451-7980
149	**흥국사(여수)** Heungguksa	전라남도 여수시 흥국사길 160	061-685-5633

전국 템플스테이
안내 지도

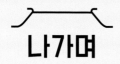

나가며

어떠신가요. 마음의 그릇에 무엇을 담으셨나요? 아니면 비우셨나요? 담으신들 어떻고 비우신들 어떻습니까. 다 괜찮습니다. 마음이라는 게 '공' 그 자체니 말이지요.

흔히 쓰는 말 중에 '해탈'과 '열반'이라는 단어가 있습니다. '비보카'니, '니르바나'니 어려운 말을 써도 결국 자유로운 마음을 그대로 내버려둔 고요한 상태를 이르는 것이지요. 사실 템플스테이라는 게 그렇습니다. 미친 속도로 흘러가는 일상 속에서 '멈춤'을 배우는 과정입니다. 멈춰야 비로소 마음이 진정됩니다. 욕심, 시기, 질투 같은 마음의 부유물이 가라앉고 희망, 용기 같은 맑은 물로 채워지게 되는 법이지요. 부정적인 생각을 걸러내는 멈춤인 셈입니다.

현대인들은 멈추지 않고 가속만 하고 삽니다. 그러니 인생이 괴로울 수밖에 없습니다. 휩쓸립니다. 제대로 마음과 인생을 돌아볼 여유조차 없지요. 그래서 1박 2일, 2박 3일에 불과한 시간이지만 템플스테이는 정말이지 중요한 것을 챙겨갈 수 있는 시간이 될 거라고 말씀드립니다.

한국불교문화사업단은 전국에 150여 곳의 템플스테이를 운영하고 있습니다. 더 좋고 덜 좋고 한 곳이 없습니다. 하나같이 힙하고 재미있으면서도 진중한 삶의 의미를 챙겨갈 수 있는 양질의 프로그램을 선보이고 있습니다. 이 책을 통해 또 하나의 카르마(인연)를 만들고 갑니다. 템플스테이를 통해 독자 여러분들과 소통하게 된 것은 참으로 진귀하면서 소중한 인연이지요.

제가 주지로 있는 곳은 영광 '불갑사'라는 사찰입니다. 매년 가을이면 붉은 상사화가 황홀한 레드 카펫을 만들어내는 놀라운 곳이지요. 불교와 상사화의 인연도 깊습니다. 잎이 무성할 때는 번뇌 망상, 잎이 사그라지면 번뇌 망상의 소멸, 그리고 피워내는 꽃은 열반의 세계를 상징합니다. 상사화가 '해탈꽃'으로 불리는 까닭이지요.

템플스테이를 여행하는 모든 이는 저마다 원하는 것을 얻어갑니다. 잡심이 가득한 누군가는 번뇌 망상을 얻을 것이요, 마음을 잘 다스린다면 번뇌를 날려버리고 힐링을 얻을 수 있을 것입니다. 1박 2일, 2박 3일의 짧은 시간 사이에 열반의 세계를 경험할 수도 있습니다.

마음의 그릇에 어떤 것을 담을지는 독자 여러분들의 몫입니다. 마음을 활짝 여십시오. 비우십시오. 그리고 그곳에 새로운 기운을 담아보십시오. 그래야 그대만의 피안화를 피울 수 있게 됩니다. 독자분들의 마음속에 부처님의 해탈꽃이 가득 필 수 있길 바랍니다.

한국불교문화사업단 단장
만당 두 손 모음

절로 힐링

초판 1쇄 2024년 12월 15일

지은이 신익수
펴낸이 허연
편집장 유승현 **편집1팀장** 김민보

책임편집 장아름
마케팅 한동우 박소라 구민지
경영지원 김민화 김정희 오나리
디자인 ㈜명문기획
사진 한국불교문화사업단

펴낸곳 매경출판㈜
등록 2003년 4월 24일(No. 2-3759)
주소 (04557) 서울시 중구 충무로 2(필동1가) 매일경제 별관 2층 매경출판㈜
홈페이지 www.mkpublish.com **스마트스토어** smartstore.naver.com/mkpublish
페이스북 @maekyungpublishing **인스타그램** @mkpublishing
전화 02)2000-2611(기획편집) 02)2000-2646(마케팅) 02)2000-2606(구입 문의)
팩스 02)2000-2609 **이메일** publish@mkpublish.co.kr
인쇄·제본 ㈜M-print 031)8071-0961
ISBN 979-11-6484-738-9(13980)

이 책은 한국불교문화사업단과 공동으로 제작했습니다.